Tasty Food
食在好吃

排骨的
158种做法

杨桃美食编辑部 主编

江苏凤凰科学技术出版社

图书在版编目（CIP）数据

排骨的158种做法 / 杨桃美食编辑部主编 . — 南京：
江苏凤凰科学技术出版社 , 2015.7（2019.11 重印）
（食在好吃系列）
ISBN 978-7-5537-4486-5

Ⅰ . ①排… Ⅱ . ①杨… Ⅲ . ①肉类－菜谱 Ⅳ .
① TS972.125

中国版本图书馆 CIP 数据核字 (2015) 第 091491 号

排骨的158种做法

主　　　编	杨桃美食编辑部	
责 任 编 辑	葛　昀	
责 任 监 制	方　晨	

出 版 发 行	江苏凤凰科学技术出版社	
出版社地址	南京市湖南路 1 号 A 楼，邮编：210009	
出版社网址	http://www.pspress.cn	
印　　　刷	天津旭丰源印刷有限公司	

开　　　本	718mm×1000mm　1/16	
印　　　张	10	
插　　　页	4	
版　　　次	2015年7月第1版	
印　　　次	2019年11月第2次印刷	

标 准 书 号	ISBN 978-7-5537-4486-5	
定　　　价	29.80元	

图书如有印装质量问题，可随时向我社出版科调换。

运用排骨做菜，丰盛又轻松

　　有哪些食材是家常必备，并且既美味又方便运用的？"排骨"肯定是最佳选择之一。不论是香酥的炸排骨，还是酸甜下饭的糖醋排骨，又或是吮指回味的烤肋排，还有清爽香醇的排骨汤，都是令人回味无穷的家常菜。这次我们集合了吃货必学的排骨菜，轻松利用烧、炒、炸、煎、蒸、烤、卤、炖、煮各种烹调方式，就可以让餐桌立刻丰盛起来。除此之外，本书还将教你如何正确选排骨、排骨的各种烹调方法等实用知识，你只须掌握简单的操作步骤就能成为排骨美食高手。

单位换算	固体类
	1茶匙 = 5克
	1大匙 = 15克
	1小匙 = 5克
	液体类
	1茶匙 = 5毫升
	1大匙 = 15毫升
	1小匙 = 5毫升
	1杯 = 250毫升

目录

PART 2
排骨炸煎篇

PART 3
排骨烤蒸篇

PART 4
排骨炖煮卤篇

排骨好吃这样选

排骨种类很多，从猪胸口的肋骨一直到脊椎骨边的腰部都在排骨的范围内；所以无论是整排肋骨连肉的猪肋排，或是腰边的里脊肉，都算是排骨家族的一份子。

排骨做菜的第一步，要先认识不同部位的各种排骨，并了解它们的肉质特色和适合的烹调方式。如此一来，你就能自己判断对应的烹调方式所选用的排骨肉，而且日常生活中做任何排骨做菜时也更能得心应手。

如何判断优质排骨

● 卫生肉品证明

若于传统肉摊采买新鲜的排骨或各种猪肉，可先看看肉摊上是否悬挂当日的卫生检查证明单，猪肉体上则应盖有"合格"的印章，才是经由卫生人员检查合格后的猪肉。

● 看、闻、按

| 看排骨的外观 |

新鲜的排骨外观颜色鲜红，最好是粉红色，不能太红或者太白。

| 闻排骨味道 |

气味应是比较新鲜的猪肉的味道，而且略带点腥味。一旦有其他异味或者臭味，就不要购买，这样的排骨很可能是已变质的。

| 按压排骨 |

拿手指按压排骨，如果用力按压，排骨上的肉能迅速地恢复原状则较好，如果瘫软下去则说明肉质不太好；再用手摸排骨表面，表面有点干或略显湿润而且不粘手的为佳。如果粘手则不是新鲜的排骨。

肋排肉 背部整排肋骨平行的肉排。

尾骨肉	肋排（背）	肋排（背）切块
骨头大而肉少，最适合拿来熬猪骨汤。	为背部整排平行的肋骨，肉质厚实，最适合整排下去烤。	将背部肋骨沿骨头切块，一根根的很适合拿来烤或焖烧。

排骨肉的挑选方法？

❶ 挑选排骨肉要注意肉色是否为粉红色至红色，若为暗红或灰白色则肉质不新鲜。

❷ 可先闻看看肉有无异味，若发臭则肉质已坏。

❸ 肉上面若水水的、按起来烂烂的，则代表肉质弹性已破坏。

❹ 若已确定当天食用，可请猪肉店先帮你将排骨剁块。

里脊肉 从背骨之腰椎往腰、肚范围的肉。

大里脊

　　腰椎旁的带骨里脊肉。适合油炸、炒、烧。

小里脊

　　从腰连到肚的里脊肉，是排骨肉中最软嫩的部分。烹调时间短，很快就能熟透，适合炸、炒。

中里脊

　　连着大里脊的腰肉。肉质软嫩，拿来炸、炒、烧、焖皆可。

小排骨 靠肚脐部分，肋骨的排骨肉。

肋排（肚腩）

　　靠近肚腩边的肋骨肉，因接近五花肉而稍带油脂，骨头较短。整片烤或切块来烹调皆可。

肋排（肚腩）切块

　　靠近肚腩边的肋骨肉剁成小块。肉质嫩、易熟，拿来炒、烤、炸、焖、蒸皆可。

胛心肉

　　因肉中带有油脂而称为胛心肉。油可让肉在烹调中不会紧缩，所以特别适合拿来烤。

软骨肉

　　即连着白色软骨旁的肉。拿来炒、烧、蒸都很适合。

排骨的保存方法？

❶ 买回家的排骨最好能在半小时内烹调。若是当天烹调可放入到冰箱冷藏。

❷ 排骨也可包上保鲜膜或放入塑料袋内，置于冰箱冷冻。烹调当天或前晚再放到冷藏室。

❸ 排骨一定要解冻后才能烹调，最好仍置于袋内放在细细的水流下，使其慢慢解冻；并谨记不能直接丢入水中，以免肉质接触到水而失去弹性。

❹ 排骨要等烹调时才洗净，尤其不能先泡水，否则肉质会变得水水的失去弹性。

隔夜炸排骨，美味不流失

炸排骨，放入冰箱冷藏后，再拿出来回锅还会像现炸的那么美味吗？排骨重新回锅会不会又干又硬？这就来教大家怎么让隔夜排骨回锅后变好吃。

秘诀 1　温炸

将冷藏过的炸排骨回锅油炸时，千万不可以开大火！建议采用低油温炸法，才不会让排骨表皮因为油温骤然太高而瞬间焦黑，内部的肉汁也不会散失。应在油温约为70℃时放入排骨油炸，并随时注意油温，待油温升高至中油温，约为110℃时，就可以将排骨捞起，这样的排骨就像现炸的一样不干不硬。

秘诀 2　蒸后炸

若隔夜的油炸物直接回锅炸，容易将其所含的水分炸干，吃起来就会变得干涩无味，在此教各位一个窍门，那就是先将隔夜的炸排骨放入电锅中稍微蒸一下，待外层的面衣吸收了水分，再取出放入油锅中重新油炸，就会像现炸的一样鲜嫩多汁。运用相同的原理，也可以直接将隔夜的炸排骨稍微浸水后再油炸，不过记得要稍微沥干，否则容易油爆。

秘诀 3　用烤箱

利用家中的小烤箱也能让隔夜的炸排骨起死回生，它可以将多余的油分逼出，口感上不会相差太多，只是少了刚炸好的香气而已。

PART 1

排骨烧炒篇

炒与烧是排骨肉中最常见且变化最多的烹调方法，所用的排骨肉则多为小排骨及里脊肉。配上滋味酸甜的调味料与水果，就可以减少油腻感，尝起来更清爽。

糖醋排骨

材料

排骨	400克
青椒	1/2个
红椒	1/2个
菠萝片	80克
洋葱	1/2个
地瓜粉	2大匙

调料

番茄酱	1大匙
梅子酱	2大匙
盐	少许
冰糖	2大匙
水淀粉	1大匙

腌料

蒜末	10克
酱油	1/2大匙
白糖	1/2大匙
盐	1/2大匙
鸡蛋液	40克
胡椒粉	少许

做法

① 排骨斩块后洗净沥干，放入容器中，加入腌料拌匀腌制30分钟；青椒、红椒、洋葱均洗净切块备用。

② 取出腌好的排骨，沾上一层薄薄的地瓜粉。

③ 热一锅，倒入适量色拉油烧热至170℃，放入排骨以中小火炸3分钟，改转大火再炸30秒钟，取出备用。

④ 另热锅放入2大匙色拉油，加入除水淀粉外所有调料和洋葱块炒香，加入青椒、红椒块及菠萝片拌炒一下，再加入炸好的排骨拌炒入味，倒入水淀粉勾芡即可。

炒辣味芥末排骨

排骨	300克
甜豆荚	10克
圣女果	20克
玉米笋	5克
面粉	2大匙
鸡蛋	2个
高汤	200毫升

腌料

盐	1/4小匙
白糖	1/2小匙
米酒	1大匙
蒜末	1/2小匙
橄榄油	1/2小匙
辣椒末	1/2小匙
黄芥末酱	1大匙

做法

1. 所有腌料混合均匀；甜豆荚洗净烫熟；圣女果洗净对切；玉米笋切片，备用。

2. 排骨洗净斩块，加入混合后的腌料腌制大约30分钟，备用。

3. 于排骨中再加入面粉、打散的鸡蛋液拌匀备用。

4. 热锅，倒入稍多的色拉油，待油温热至160℃时放入排骨，以中火将排骨炸熟，捞出沥油备用。

5. 在锅中留少许油，放入圣女果、玉米笋片炒匀。

6. 加入已炸熟的排骨、高汤，以小火熬煮约3分钟，再加入甜豆荚拌匀即可。

13

陈醋排骨

排骨300克

🧂 调料
Ⓐ 淀粉2大匙，全蛋液1大匙，盐1/8茶匙，米酒1茶匙 Ⓑ 陈醋2大匙，白糖2大匙，酱油1茶匙，水1大匙 Ⓒ 水淀粉1茶匙，香油1大匙

🍳 做法
❶ 排骨洗净剁小块，以所有调料A抓拌均匀腌制约10分钟，备用。
❷ 热油锅，以大火烧热至油温约150℃，将腌好的排骨一块块下锅，转小火油炸约5分钟，起锅沥油备用。
❸ 另热一锅，加入所有调料B，以小火煮至滚沸后用水淀粉勾芡，再加入炸过的排骨块，迅速拌炒至芡汁完全被排骨吸收后熄火，洒上香油拌匀即可。

高升排骨

📋 材料
小排骨600克

🧂 调料
米酒1大匙，白糖2大匙，醋3大匙，酱油4大匙，水5大匙

🍳 做法
❶ 排骨洗净后斩块。
❷ 将排骨块放入深锅中，再加入所有调料，以中火煮开后，转小火焖煮至汤汁呈浓稠状即可。

> **美味多一点**　高升排骨名称的由来，是因为调料的分量凑巧是逐项加一（1酒2糖3醋4酱油5水），有"步步高升"的含义，故以此为名。

红曲烧排骨

材料
大排骨300克，白萝卜300克，蒜末20克，姜末10克，水200毫升

调料
红曲酱5大匙，盐1/2茶匙，白糖1茶匙，米酒50毫升

做法
1. 将白萝卜洗净去皮，大排骨洗净切小块，分别放入滚水中氽烫约1分钟，洗净沥干备用。
2. 热锅，倒入1大匙色拉油，转小火放入蒜末、姜末爆香，放入排骨块及米酒，以大火炒香。
3. 加入红曲酱炒香，加入其余调料及白萝卜块，煮至沸腾后盖上锅盖。
4. 转小火继续煮约50分钟至萝卜软烂即可。

双椒豆豉排骨

材料
小排300克，青椒100克，红椒50克，蒜片20克，鸡蛋液1大匙

调料
Ⓐ 淀粉1大匙，料酒1/2大匙，盐1/8小匙　Ⓑ 豆豉10克，蚝油2大匙，绍兴酒2大匙，水100毫升，水淀粉10毫升，香油1大匙

做法
1. 小排剁小块洗净后裹上蛋液，以调料A拌匀腌制约5分钟；红椒、青椒分别洗净去籽切小片，备用。
2. 热锅，倒入2碗色拉油，待油热至约160℃时，将腌好的排骨下锅，以小火炸约8分钟后捞起沥干；锅中留少许油，放入蒜片、豆豉、辣椒、青椒炒香，再加入排骨及蚝油、绍兴酒、水。
3. 转小火煮约5分钟，用水淀粉勾芡，洒上香油即可。

咖喱南瓜排骨

材料
排骨300克，南瓜300克，红椒80克，红葱末20克，蒜末10克

调料
咖喱粉1大匙，盐1/2茶匙，椰浆50毫升，白糖1茶匙，水200毫升

做法
1. 排骨剁小块洗净沥干；南瓜洗净去皮，红椒去蒂及籽后洗净，分别切小块，备用。
2. 热锅，倒入1大匙色拉油，转小火，放入红葱末、蒜末爆香后，放入备好的排骨，转大火翻炒至排骨表面变白。
3. 加入咖喱粉略炒香，再加入其余调料，转大火煮至沸腾。
4. 放入南瓜块，盖上锅盖，转小火继续煮烧约20分钟，加入红椒块煮至汤汁略浓稠即可。

西红柿排骨煲

材料
小排400克，西红柿200克，洋葱60克

调料
A 淀粉1匙，料酒1/2大匙，盐1/8小匙，鸡蛋液1大匙　B 番茄酱4大匙，白糖1大匙，水200毫升　C 淀粉100克，水淀粉10毫升，香油1大匙

做法
1. 小排洗净，剁成约2厘米见方的小块，以调料A拌匀腌制约5分钟；西红柿、洋葱洗净切块，备用。
2. 将小排块均匀沾裹上调料C中的淀粉，锅烧热，倒入约2碗色拉油，油热后将排骨下锅，以小火炸约8分钟后，捞起沥干备用。
3. 锅中留少许油，放入西红柿、洋葱炒香，加入炸好的排骨及调料B。
4. 转小火煮约5分钟，以水淀粉勾芡，洒上香油即可。

蒜子排骨

材料

排骨	200克
蒜	100克
葱	1根
姜片	20克
辣椒	1个

调料

A

酱油	1茶匙

B

蚝油	2大匙
米酒	2大匙
白糖	1茶匙
水	200毫升

做法

1. 排骨洗净剁块，加入调料A略为腌制上色；葱洗净切段；辣椒洗净切段；蒜去皮切去蒂头，备用。

2. 热油锅，以大火烧热至油温约150℃，先放入蒜炸至表面金黄后捞起，沥油备用；再将排骨一块块下锅油炸至表面略为焦黄后捞出，沥油备用。

3. 锅底留少许油烧热，以小火爆香姜片、辣椒段及葱段至微微焦香，再加入蒜、排骨及调料B中的水，以中火煮至汤汁滚沸，盖上锅盖转至小火，焖煮约10分钟。

4. 打开锅盖，于锅中加入调料B中其余的调料，以小火烧煮至汤汁略干即可。

黑椒烧排骨

材料
排骨	200克		
蒜末	20克		

调料

A
盐	1/4小匙
鸡精	1/4小匙
白糖	1/2小匙
苏打粉	1/8小匙
蛋清	1大匙
料酒	1/2大匙
水	1大匙
淀粉	3大匙

B
粗黑胡椒粉	1大匙
番茄酱	1茶匙
A1酱	1茶匙
水	2大匙
盐	1/4茶匙
白糖	1茶匙
水淀粉	1茶匙
香油	1茶匙

做法
① 排骨洗净沥干，以所有调料A拌匀，腌制20分钟。

② 热锅，倒入约500毫升色拉油，烧热至油温约150℃，将排骨一块块放入油锅中，以小火炸约12分钟，至排骨表面酥脆后捞起沥油。

③ 另热一锅，放入1大匙色拉油烧热，以小火爆香蒜末后，加入粗黑胡椒粉略为翻炒几下，再加入番茄酱、A1酱、水、盐及白糖拌炒均匀后，加入炸好的排骨以大火快炒约10秒，再以水淀粉勾芡，最后洒上香油炒匀即可。

葱烧子排

📋 **材料**

子排（整块）300克，洋葱60克，红葱头40克，葱60克，上海青200克

🧂 **调料**

酱油100毫升，水400毫升，料酒50毫升

🍳 **做法**

1. 子排洗净后氽烫去血水备用。

2. 洋葱去皮洗净切丝；红葱头去皮洗净切片；葱洗净切段；上海青洗净对半切开，氽烫约30秒后捞起沥干，备用。

3. 热锅，倒入少许色拉油，以小火爆香洋葱丝、红葱头片及葱段，拌炒至洋葱丝、红葱头片及葱段表面焦黄，加入氽烫好后的子排翻炒，再加入调料煮至子排熟透。

4. 盘中以上海青装饰，将子排盛盘即可。

咖喱排骨

📋 **材料**

排骨200克，土豆100克，胡萝卜80克，红葱末20克，蒜末20克，洋葱末50克，水200毫升

🧂 **调料**

咖喱粉2大匙，盐1/2茶匙，白糖1茶匙，椰浆200毫升

🍳 **做法**

1. 排骨洗净沥干；土豆及胡萝卜去皮、洗净切小块，备用。

2. 热锅，加入1大匙色拉油烧热，以小火爆香红葱末、蒜末及洋葱末，再加入洗净的排骨，转大火翻炒至排骨表面变白，加入咖喱粉略为拌炒。

3. 续于锅中加入水、胡萝卜块及椰浆，以大火煮至汤汁滚沸，改转小火煮约20分钟。

4. 续将土豆块加入锅中，以小火煮约10分钟至汤汁浓稠，最后加入其余调料拌匀即可。

芋头烧排骨

🍖 材料

排骨	300克
芋头	230克
葱	2根
姜末	10克

🧂 调料

A

盐	1/4小匙
鸡精	1/4小匙
白糖	1/2小匙
苏打粉	1/8小匙
蛋清	1大匙
料酒	1/2大匙
水	1大匙
淀粉	3大匙

B

盐	1/6茶匙
牛奶	50毫升
白糖	1茶匙
水	250毫升

C

水淀粉	1/2大匙
香油	1茶匙

📖 做法

① 排骨洗净沥干，加入所有调料A抓匀均匀，腌制约5分钟；葱洗净切段；芋头去皮洗净切块，备用。

② 热锅，倒入约500毫升色拉油，烧热至约150℃，将芋头块放入油锅中，以小火炸约1分钟后，捞起沥油备用。

③ 油锅再次烧热至约150℃，将排骨一块块放入锅中，以小火炸约10分钟，捞起沥油备用。

④ 锅底留约1大匙色拉油烧热，以小火爆香葱段及姜末，放入炸好的排骨及调料B中的水，转大火煮至汤汁滚沸后改小火。

⑤ 以小火约煮2分钟后，放入芋头块以小火煮约2分钟，加入调料B中的盐、牛奶及白糖，以小火煮至汤汁滚沸，再加入水淀粉勾芡，洒上香油即可。

葱烧排骨

材料
大里脊排	2片
葱	3根
姜末	1小匙
蒜末	1小匙

调料
水	1/2杯
酱油	1大匙
米酒	1小匙
淀粉	1小匙

腌料
姜末	1小匙
水	1/2杯
蒜末	1小匙
酱油	1大匙
酒	1小匙
淀粉	1小匙

做法
1. 大里脊排洗净，用刀背或肉锤略拍数下，加入所有腌料拌匀腌制1小时至入味；葱洗净切长段备用。
2. 将半锅色拉油烧热至油温约170℃时，放入大里脊排过油，用中火稍炸至肉变色后即捞起沥干油。
3. 另起一锅，将姜末、蒜末和所有调料调匀倒入锅中煮开，再放入炸好的大里脊排及葱段，改小火慢烧至汤汁剩一半，且大里脊排熟软入味即可。

孜然排骨

材料

排骨	300克
葱花	20克
蒜末	10克
辣椒末	5克

调料

A

盐	1/4小匙
鸡精	1/4小匙
白糖	1/2小匙
苏打粉	1/8小匙
蛋清	1大匙
料酒	1/2大匙
水	1大匙
淀粉	3大匙

B

椒盐粉	1茶匙
孜然粉	1/2茶匙

做法

1. 调料A调匀，放入洗净剁成小块的排骨块腌制约30分钟。
2. 热油锅，倒入约500毫升色拉油，以大火烧热至油温约150℃，将斩好的排骨块一块块放入油锅中，转小火炸约12分钟至排骨块表面酥脆后捞起沥油。
3. 另热一锅，放入少许色拉油烧热，以小火爆香葱花、蒜末及辣椒末，放入炸好的排骨块，撒上所有调料B，以小火拌炒均匀即可。

美味多一点

"孜然"亦称"安息茴香"，是产于中亚、伊朗一带及中国新疆地区的上等作料，能去腥膻解油腻，高温加热后香味更加浓烈，非常适合用于烧烤、煎、炸等烹调方式。也可以小茴香取代。

虾酱焖排骨

材料
小排	300克
老豆腐	200克
辣椒	50克
蒜末	20克
葱段	50克

调料
A
淀粉	1大匙
料酒	1/2大匙
盐	1/8大匙
鸡蛋液	1大匙

B
虾酱	2大匙
蚝油	1大匙
绍兴酒	2大匙
水	200毫升
水淀粉	10毫升
香油	1大匙
鸡精	1/2茶匙
色拉油	2大匙

做法
1. 小排洗净剁小块，以调料A腌制约5分钟；辣椒洗净切片；豆腐洗净切小块，备用。
2. 热锅，倒入2大匙色拉油，待油温热至180℃，将豆腐下锅炸至表面金黄后，取出沥油备用。
3. 再将腌好的排骨下锅，以小火炸约8分钟后，捞起沥油备用。
4. 在锅中留少许油，放入蒜末、葱段、辣椒、虾酱炒香，加入排骨、豆腐及蚝油、鸡精、绍兴酒、水。
5. 转小火煮约5分钟，以水淀粉勾芡，洒上香油即可。

麻酱烧排骨

材料
排骨	300克
芹菜	80克
蒜苗	1根
姜末	10克
辣椒	1个

调料
A
盐	1/4小匙
鸡精	1/4小匙
白糖	1/2小匙
苏打粉	1/8小匙
蛋清	1大匙
料酒	1/2大匙
水	1大匙
淀粉	3大匙

B
蚝油	2大匙
芝麻酱	1大匙
白糖	1茶匙
绍兴酒	1大匙
水	250毫升
香油	1茶匙

做法
1. 排骨洗净沥干，以所有调料A抓拌腌制5分钟备用。
2. 芹菜洗净切小段；蒜苗洗净切斜片；辣椒洗净切碎；芝麻酱用少许开水（分量外）先调稀，备用。
3. 热锅，倒入约500毫升色拉油烧热至约150℃，将备好的排骨一块块入油锅，转小火炸约10分钟，捞起沥油备用。
4. 锅中留约1大匙色拉油烧热，以小火爆香姜末及辣椒碎，加入炸好的排骨、水、芝麻酱、绍兴酒、蚝油、白糖，以大火煮至酱汁滚沸。
5. 改转小火继续煮约2分钟，再加入蒜苗斜片及芹菜段拌炒均匀，洒上香油即可。

烤麸烧排骨

🍖 **材料**

排骨	200克
烤麸	5片
干香菇	5朵
葱	1根
姜	10克

🧂 **调料**

A

酱油	3大匙
白糖	1大匙
水	300毫升

B

香油	1大匙

📋 **做法**

1. 烤麸每片切成3小块；干香菇泡冷水至软后，洗净切小块；葱洗净切段；姜洗净切片，备用。

2. 热油锅，以大火将色拉油烧热至油温约150℃，将烤麸块下锅油炸约2分钟至烤麸表面焦脆，捞起沥油备用。

3. 另热一锅，加入少许色拉油烧热，以小火爆香葱段及姜片，加入排骨后转中火炒至排骨变白。

4. 续将烤麸块、香菇块及所有调料A加入锅中，盖上锅盖以小火焖煮约20分钟至汤汁收干，洒入香油拌匀即可。

美味多一点

烤麸是生面筋的一种，生面筋经保温发酵后，再以高温蒸煮而成海绵状，由于蒸煮后质地松软而富有弹性，且有很多气孔，因此常以小火慢煮的红烧手法烹调，能够充分吸收酱汁又入味，还保有面筋特有的弹性，很有嚼劲。

香橙排骨

🍴 **材料**
小排骨600克，柳橙2个

🍶 **调料**
橘子酒2大匙，盐1小匙

🍶 **腌料**
酱油1大匙，料酒1大匙，淀粉1大匙

📋 **做法**

① 小排骨洗净切小块，加入所有腌料拌匀腌制约10分钟至入味；柳橙榨汁，并切取少许外皮切成细丝备用。

② 将半锅色拉油烧热至油温约170℃，放入腌好的排骨，用小火炸3～4分钟至熟后，再改用大火炸约1分钟，捞起沥干油。

③ 另起一锅，在热锅中加入1小匙油，倒入柳橙汁及所有调料煮开，再放入炸好的排骨及柳橙皮丝，翻炒数下至入味后即可。

金橘排骨

🍴 **材料**
排骨400克，洋葱片20克，皇帝豆20克，胡萝卜片2克，高汤300毫升

🍶 **调料**
金橘汁2大匙，白糖1小匙，盐1/4小匙

📋 **做法**

① 所有调料混合均匀备用。

② 排骨洗净斩块，再加入金橘腌酱拌匀腌制约10分钟备用。

③ 将皇帝豆与胡萝卜片分别放入沸水中烫熟，捞起沥干备用。

④ 将排骨、金橘腌酱、高汤一起放入锅中，以小火熬煮约20分钟至熟。

⑤ 最后再加入洋葱片及烫好的皇帝豆、胡萝卜片拌匀即可。

茶香烧排骨

材料
排骨200克, 包种茶叶5克, 姜末30克, 蒜末20克

调料
酱油3大匙, 鸡精1茶匙, 白糖1大匙, 绍兴酒2大匙,
水350毫升

做法
1. 排骨洗净斩块后氽烫, 去血水备用。
2. 热锅, 加入少许色拉油烧热, 以小火爆香姜末及蒜末, 加入排骨及绍兴酒, 以中火拌炒约1分钟。
3. 将包种茶叶及其余调料加入锅中拌匀, 盖上锅盖, 以小火焖煮约20分钟后起锅即可。

牛奶南瓜烧排骨

材料
排骨300克, 南瓜300克, 红葱末20克, 姜末10克,
水100毫升, 西芹末少许

调料
盐1/2茶匙, 鲜奶200毫升, 白糖1茶匙

做法
1. 排骨洗净斩块沥干; 南瓜洗净去皮去籽, 切小块备用。
2. 热锅, 加入1大匙色拉油烧热, 以小火爆香红葱末及姜末后, 放入排骨, 转大火拌炒至排骨表面变白。
3. 续于锅中加入水及鲜奶, 继续以大火煮至汤汁滚沸, 改小火煮约2分钟。
4. 将南瓜块放入锅中, 盖上锅盖以小火煮约3分钟至汤汁略为浓稠, 再加入其余调料拌匀, 撒上少许西芹末即可。

香酥猪肋排

材料
排骨	300克
蒜头酥	20克
红葱酥	10克
辣椒末	5克

调料
A
盐	1/4小匙
鸡精	1/4小匙
白糖	1/2小匙
苏打粉	1/8小匙
蛋清	1大匙
料酒	1/2大匙
水	1大匙
淀粉	3大匙

B
椒盐粉	1茶匙

做法
1. 排骨剁成小块，洗净沥干，备用。
2. 将调料A调匀，放入排骨块腌制约30分钟。
3. 热锅，倒入约500毫升色拉油烧热至油温约150℃，将排骨一块块放入油锅中，以小火慢炸约10分钟，至排骨块表面酥脆后捞起沥油。
4. 另热一锅，放入少许色拉油烧热，以小火炒香蒜头酥、红葱酥及辣椒末，加入炸好的排骨块，再撒上椒盐粉，以小火拌炒均匀即可。

无锡排骨

材料

猪小排	500克
葱	20克
姜片	25克
上海青	300克
红曲米	1/2茶匙

调料

A

酱油	100毫升
白糖	3大匙
料酒	2大匙
水	600毫升

B

水淀粉	1大匙
香油	1茶匙

做法

1. 猪小排洗净剁成长约8厘米的小块；上海青洗净后切小条；葱洗净切小段；姜片洗净拍松，备用。

2. 热油锅，待油温烧热至约180℃，将猪小排入锅，炸至表面微焦后沥干备用。

3. 将600毫升水烧开，水开后加入红曲米，放入炸好的猪小排，再放入葱段、姜片及调料A，待再度煮沸后，转小火盖上锅盖。

4. 再煮约30分钟，至水收干至刚好淹到排骨时熄火，挑去葱、姜，将排骨排放至小一点的碗中，并倒入适量汤汁。

5. 将排骨放入蒸锅中，以中火蒸约1小时后，熄火备用。

6. 将上海青炒或烫熟后铺在盘底，再将蒸好的排骨汤汁取出保留，再将排骨倒扣在上海青上。

7. 将汤汁煮开，以水淀粉勾芡，洒上香油后淋至排骨上即可。

百香果烧大排

材料
带骨猪大排3片，百香果2个，姜2片，辣椒1个，葱2根，卤肉汁300毫升

调料
酱油1小匙，淀粉1小匙

做法
1. 带骨猪大排洗净，用刀背拍松，加入调料拌抓均匀；百香果对切，取出果肉；葱、辣椒洗净切段备用。
2. 锅中放入姜片、辣椒段、葱段、卤肉汁烧开后，放入猪大排，期间不时翻面煮至均匀入味，再放入百香果肉煮开即可。

备注：卤肉汁用一般炖卤五花肉的汤汁即可。

酸辣排骨

材料
排骨400克，葱花40克，蒜末30克

调料
Ⓐ 盐1/4茶匙，白糖1茶匙，米酒1大匙，水3大匙，蛋清1大匙，小苏打1/8茶匙，淀粉1大匙 Ⓑ 色拉油2大匙 Ⓒ 辣椒酱3大匙，白醋2大匙，白糖1大匙，米酒2大匙，水50毫升，水淀粉1大匙，香油1大匙

做法
1. 排骨剁小块洗净，用调料A拌匀腌制约20分钟后，加入色拉油略拌备用。
2. 热锅，倒入200毫升色拉油，油温约150℃时将排骨下锅，小火炸约6分钟，起锅备用。
3. 在锅中留约2大匙油，以小火炒香蒜末、辣椒酱，加入白醋、米酒、水及白糖炒匀。
4. 加入炸好的排骨小火略炒约半分钟，加入水淀粉炒匀，撒入葱花及香油拌匀即可。

沙茶牛小排

🍖 材料

去骨牛小排	200克
蒜末	5克
洋葱	80克
红椒	40克

🧂 调料

沙茶酱	1大匙
粗黑胡椒粉	1茶匙
A1酱	1/2茶匙
水	2大匙
盐	1/4茶匙
白糖	1茶匙
水淀粉	1茶匙
香油	1茶匙

📖 做法

1. 将牛小排洗净切小块；洋葱及红椒洗净切丝，备用。
2. 热锅，倒入2大匙色拉油，放入牛小排以小火煎至牛肉两面微焦香后取出，备用。
3. 锅中留少许油，以小火爆香洋葱丝、红椒丝、蒜末，加入沙茶酱及粗黑胡椒粉略翻炒均匀。
4. 再加入A1酱、水、盐及白糖拌匀，再加入牛小排，以中火炒约20秒，以水淀粉勾芡，洒上香油炒匀即可。

美味多一点

牛小排不适合烹调太熟，否则肉质会太老太柴，吃起来口感就不好，因此可先将牛小排的表面煎至焦香，但没有完全熟透，然后起锅，将其他材料与调味炒匀后再放回牛小排炒匀，这样一来肉质就不会炒得过老。

京都排骨

🍖 **材料**

排骨	500克
熟白芝麻	少许

🧂 **调料**

A

盐	1/4茶匙
白糖	1茶匙
料酒	1大匙
水	3大匙
蛋清	1大匙
小苏打	1/8茶匙

B

低筋面粉	1大匙
淀粉	1大匙
色拉油	2大匙

C

A1酱	1大匙
默林辣酱油	1大匙
白醋	1大匙
番茄酱	2大匙
白糖	5大匙
水	3大匙

D

水淀粉	1茶匙
香油	1大匙

📖 **做法**

1. 排骨剁小块洗净，用调料A拌匀腌制约20分钟后，加入低筋面粉及淀粉拌匀，再加入色拉油略拌备用。

2. 热锅，倒入约400毫升色拉油，待油温烧至约150℃，将腌好的排骨下锅，以小火炸约4分钟后起锅沥干油备用。

3. 另热一锅，倒入调料C，以小火煮滚后用水淀粉勾芡。

4. 加入炸好的排骨迅速翻炒至芡汁完全被排骨吸收后，熄火淋香油、撒上熟白芝麻拌匀即可。

三杯排骨

材料
排骨	500克
蒜	40克
姜片	40克
杏鲍菇	200克
辣椒	2个
罗勒	20克

调料
A
盐	1/4茶匙
白糖	1茶匙
米酒	1大匙
水	3大匙
蛋清	1大匙
淀粉	3大匙

B
胡麻油	4大匙
酱油	4大匙
米酒	6大匙
白糖	2大匙
水	5大匙

做法
1. 排骨洗净剁小块，用调料A拌匀腌制约20分钟；杏鲍菇洗净切小块；辣椒洗净切小段，备用。
2. 热锅，倒入400毫升色拉油，待油温烧至约150℃，将腌好的排骨下锅小火炸约4分钟，起锅沥干油备用。
3. 另热一锅，倒入胡麻油，以小火爆香姜片、蒜及辣椒后，加入炸好的排骨、杏鲍菇及其他调料B。
4. 待汤汁煮沸后，将材料移至砂锅中，以小火煮至汤汁收干，再加入罗勒略为拌匀即可。

花雕排骨

🍖 材料

小排	300克
笋块	100克
葱段	50克
姜片	30克
蒜片	30克
蒜苗	40克
干辣椒	50克
花椒	3克

🧂 调料

蚝油	1茶匙
辣豆瓣酱	2大匙
白糖	1茶匙
花雕酒	50毫升
水	150毫升

📋 做法

1. 小排剁小块，入锅汆烫后洗净备用；蒜苗洗净切段。

2. 热锅，倒入适量色拉油，以小火爆香葱段、姜片、蒜片、干辣椒及花椒，再加入笋块、辣豆瓣酱炒香。

3. 加入汆烫后的小排炒匀后，放入蚝油、白糖、花雕酒及水煮至沸腾。

4. 转小火煮约20分钟至汤汁略收干，放上蒜苗段即可。

美味多一点

花雕、绍兴、陈绍、黄酒、女儿红等制作的材料与方式基本上都是类似的，风味与口感上都差不多，如果没有花雕酒，也可以利用其他风味类似的黄酒替代，成品的滋味不会差太多。

香芒排骨

材料

排骨	600克
芒果	200克
青芦笋	80克
蒜头	10克
地瓜粉	3大匙

调料

水	2大匙
白糖	1/2大匙
盐	1小匙
芒果汁	1/2大匙

腌料

白糖	1/2大匙
盐	1/2大匙
酱油	1小匙
蒜末	少许
芒果汁	1/2大匙

做法

1. 腌料全部混合调匀后，将洗净斩块沥干的排骨加入所有腌料稍作搅拌后，腌制约1小时。
2. 芒果去皮切成约4厘米长的条状；青芦笋洗净氽烫后，切成约5厘米长备用。
3. 将腌制好的排骨裹上一层薄薄的地瓜粉备用。
4. 热锅，倒入适量色拉油，待油温烧热至170℃时，放入裹好粉的排骨炸约4分钟后，转大火炸1分钟至排骨酥呈金黄色时，捞起沥油备用。
5. 锅底留油，加入蒜头爆香后，加入炸好的排骨酥和所有调料炒约1分钟，转小火慢煮。
6. 锅内汤汁略收后，加入芒果条和青芦笋段炒约10秒即可起锅。

菠萝炒排骨

材料

排骨	300克
去皮菠萝	120克
姜片	5克

调料

A

盐	1/4小匙
白糖	1/2小匙
蛋清	1大匙
米酒	1/2大匙
水	1大匙
淀粉	3大匙

B

盐	1/6茶匙
白醋	2大匙
番茄酱	1大匙
白糖	2大匙
水	1大匙

C

水淀粉	1/2大匙
香油	1茶匙

做法

1. 排骨洗净斩块沥干，用调料A抓匀腌制5分钟；菠萝切片，备用。
2. 热锅，倒入2大匙色拉油，待油温烧热至约160℃，将腌好的排骨一块块入油锅，以小火炸约10分钟至表面酥脆后，捞起备用。
3. 将锅中的油倒出，开小火，放入菠萝片、姜片及调料B，煮至沸腾后用水淀粉勾芡。
4. 再放入炸好的排骨，以小火炒匀，洒上香油即可。

西芹炒羊排

🍖 **材料**

羊排	250克
西芹	2根
胡萝卜	20克
洋葱	30克
蒜	10克
红辣椒	1个

🧂 **调料**

盐	1小匙
酱油	1大匙
白糖	1小匙
粗黑胡椒粉	1小匙

🥣 **腌料**

西芹	10克
胡萝卜	10克
洋葱	1/3个
水	600毫升

📋 **做法**

❶ 将腌料中的西芹、胡萝卜和洋葱都洗净切小块备用，再将羊排放入腌料中腌制约20分钟。

❷ 将材料中的西芹洗净切片；胡萝卜和洋葱都洗净去皮切丝状；蒜和红辣椒洗净切片状备用。

❸ 先将羊排煎过，再将材料中切好的蔬菜加入一起翻炒。

❹ 最后再加入所有的调料一起拌匀即可。

宫保羊排

材料

羊小排	500克
洋葱末	30克
干辣椒末	5克
花椒	10粒
蒜花生碎	50克
姜末	25克
蒜末	25克

调料

A

酱油	1茶匙
白糖	1/4茶匙
绍兴酒	1大匙
淀粉	1茶匙
鸡蛋	1/2个

B

酱油	1茶匙
味精	1/4茶匙
白糖	1/2茶匙
白醋	1/2茶匙
水淀粉	1/4茶匙
水	240毫升
油	适量

做法

1. 羊小排洗净斩块，去除多余油，再加入调料A拌匀腌制约1小时。
2. 热锅，倒入适量色拉油烧热，转中火，放入腌好的羊小排，两面煎熟后取出装盘。
3. 锅内留少许底油，转小火，放入干辣椒末、花椒、洋葱末，转中火快炒约3分钟后，加入姜末、蒜末一起炒匀爆香。
4. 将调料B（水淀粉先不加入）加入锅内拌匀后，倒入水淀粉芡薄欠，再起锅淋于盘中的羊小排上，最后撒上蒜花生碎即可。

PART 2

排骨炸煎篇

　　排骨一直是深植人心的美味，金黄外皮下包裹住肉汁丰富的里脊肉，一口咬下，香脆的面衣与软嫩的里脊肉同时享尽，真有说不出的好滋味。然而同样是炸或煎的排骨，因为腌料与油炸面衣的不同，仍能变化出无数的美味。

各种油炸粉的秘密

炸排骨是多种排骨菜的基本步骤，而在学怎么炸排骨之前，首先要知道各种常用油炸粉类的特性，因为炸排骨的口感差别就在于不同粉类的使用，了解炸粉的特性之后，就能炸出你喜欢的口感！

低筋面粉

低筋面粉的蛋清质含量在7%~9%之间，适合制作出口感趋向"脆"的炸物。但是若只使用低筋面粉时，由于蛋清质的关系，会使炸物在放置一段时间后出现软化状态，因此为了降低这种情形，通常还会加入完全无蛋清质成分存在的淀粉类，如地瓜粉、淀粉等来混合使用。

面包粉

适合当作油炸物的外裹粉，由于不具黏性，因此不易附着于食物表面，使用时，在欲炸食材的表面先裹上其他面糊或蛋黄后再沾取面包粉。使用面包粉来油炸的食物，口感酥脆，外观呈金黄色，食物的酥脆度可以保存较长的时间。也可自制面包粉，只要将白土司风干变硬再弄碎即可！

土豆淀粉

将土豆淀粉和水混合后，会变得糊化，黏稠度颇高，一般都拿来作为勾芡之用或增加馅料的浓稠度，若用于油炸时，大多只于食材表面拍上薄薄的一层即可。土豆淀粉与地瓜淀粉相比较，其酥脆度较低，且口感较为细致，也常用来与低筋面粉混合使用。

地瓜淀粉

又称番薯粉，属于淀粉的一种，用途非常广泛，呈颗粒状。特性是可使炸物的酥脆度较持久，如排骨、鸡块等炸酥后，不仅口感酥脆，而且即使放置时间较长也不会变软，常用来与低筋面粉混合使用。

玉米淀粉

由于与土豆淀粉同样具有凝结作用，因此玉米淀粉与土豆淀粉可以互相取代。作为油炸用时，多与低筋面粉混合使用，借以降低炸物后续会变软的问题，玉米淀粉的口感比土豆淀粉更松酥。

糯米粉&黏米粉

皆属于米制粉类，只是前者是以糯米磨制而成，后者是用大米制成。制作炸物时，米制粉类多与低筋面粉混合后调制成粉浆来使用，食材沾裹再炸过之后，口感上会比淀粉更为酥脆。

炸油比一比，
选适合的油来烹调排骨

油除了提供日常生活的热量、脂肪及人体必需脂肪酸外，在烹调饮食过程中还具有增添食物风味、色泽，促进食欲，以及帮助一些脂溶性维生素的吸收等多种功能，也因为油脂所扮演的角色如此重要，所以我们在学习做菜的过程中，更应挑选出适合烹调方式的油品种类，让一道道炸物在兼具色、香、酥、脆的同时，自己也能吃得更健康！

猪油

　　猪油具有特有香气、不易挥发、不饱和脂肪酸低、胆固醇含量较高的特点。使用时，先将买来的猪板油切小片，再入锅以小火慢慢加热，快速翻动，趁油渣尚未太焦时就盛起，便可提炼出洁白清香的猪油了。使用猪油炸的食品，凉后表面的油会凝结成脂而呈泛白色。另外，由于猪油是饱和脂肪酸，比较稳定，所以油烟会较少，不使用时建议一定要密封或盖好，再放进冰箱冷藏，才能保持新鲜。

大豆色拉油

　　大豆色拉油是一般家庭最常见的烹调用油，使用纯黄豆提炼，零胆固醇，含人体无法合成之必需脂肪酸，另外，亦含维生维E、维生素F。适合煎、炒、煮、低温油炸（150℃以下）及调制色拉酱。目前市场上除了大豆色拉油外，还有菜籽色拉油、米糠色拉油、棉籽色拉油、葵花籽色拉油等可供选择。

清香油

　　清香油并非100%的猪油，它有一部分成分是取自动物性的猪油，形成特殊的香味，其他则使用植物性的芥花油和棕榈清油来调和，适合各种烹调方式，包括高温油炸。由于它既没有猪油的高胆固醇，又有猪油的香味，因此常成为很多人替代猪油的最佳选择。

花生油

　　花生油呈鹅黄色，具有耐热性高、稳定性佳的特点，是良好的煎炸油，可为人体提供大量营养。花生油最吸引人的地方是味道香醇，用在炒菜或油炸食品时，可以使成品更具香气，让人胃口大开。

油温、火候技巧大公开
油炸美味关键

选油

一般说来，只要是油质纯净新鲜的全猪油或大豆油，都可拿来作为炸油使用。但若要增加香气，可混合色拉油和麻油（或猪油），以2：1的比例搭配，就是完美的炸油组合。

起锅

超厚肉片每块肉重量大小不同，油炸时间很难以时间来量化，因此正确判断捞起的时间可真是一门学问。猪排刚放入油中，会沉入油底部，炸过一段时间之后，猪排水分减少，重量减轻，就会渐渐浮起，若表面已呈金黄，拨动后又能浮起，就能试出最佳的起锅时间了。

油温

油温不对会把猪排炸成焦黑或是吃油过多。用油温计来测油温既准确又方便，要是没有准备油温计，最简易的测试法就是放点面糊（低筋面粉加适量水调成）到油锅中，如面糊从油底部浮起，即为160℃以下；若面糊是从油中间迅速浮起，即为170℃；如果面糊马上从油表面散开，就表示油温已达180℃。

沥油

刚炸好的猪排一定要直立夹起，让它"站"在网架上沥油，这样做的目的是要避免平放而让油积存在猪排中间或局部以影响口感。

一眼看穿油温的秘密

低油温（80 ~ 100℃）

测试状态：

只有细小的油泡产生，甚至没有油泡；粉浆滴进油锅中，必须稍等一下才会浮起来。

适炸的食材：

1. 表面沾裹蛋清制成蛋泡糊的食材。

2. 需要回锅再炸的食物。（可避免食材水分流失）

中油温（120 ~ 160℃）

测试状态：

油泡开始增多，往上升起；粉浆滴进油锅中，沉到油锅底部后马上就会再浮起来。

适炸的食材：

1. 一般油炸品都适用。

2. 外皮沾裹容易烧焦的面包粉。

3. 食材沾裹了调料的粉浆。

4. 油炸食材量少时。

高油温（170℃以上）

测试状态：

会产生大量油泡；粉浆滴进油锅中，不会沉到油锅底就马上浮出油面。

适炸的食材：

1. 采用干粉炸法。

2. 采用粉浆炸法。

3. 油炸食材分量大或数量多时。

油炸好帮手

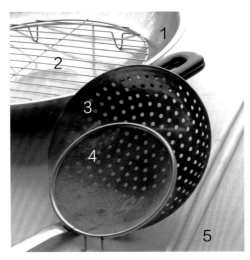

2 沥油架

炸物捞起后可置于沥油架上，将多余的油沥除，使用时，只要在沥油架下方摆放一个承接滴油的容器即可。另外，也可选择一种直接挂于油锅边缘的沥油架，可使操作更为方便。

3 油炸大漏勺

炸物熟后，用漏勺快速捞起可保持食物的金黄色泽。在炸物炸好后，用漏勺快速捞起、稍微沥干油后，即可改置于沥油架上。

4 油炸小滤网

油只要炸过一回，就需过滤后才能再次使用。一来保持油的清洁，二来油和食物也比较不易变黑。

1 普通圆底锅

这是一般家庭较常用的炒锅，市面上有许多材质可供选择，例如不锈钢锅、纳米锅、陶瓷锅等。最重要的是，每次油炸后的炒锅一定要清洗干净并擦干。

5 长木筷

可让您远离热油和热气，避免烫伤。使用后一定要洗净并擦干，并放在通风处风干，如有烘碗机亦可烘干灭菌。使用长木筷可轻松使油炸物快速翻面，并能安全地夹取炸物。

圆形平面细网勺

油只要炸过一回就必须仔细过滤，才能再次使用，使油渣不致污染油品。至于如何过滤干净，就得使用这款工具了。使用时只要将其放入油锅轻轻由下往上捞除，若觉得不够彻底干净，可以直接架在锅盆上，再将使用过的油倒入直接过筛。购买时，可到一般的烹饪专门店，有各式不同的材质及大小可供选择。

网状细捞勺

此工具不但使用在油炸食物中，还可用来捞除煮汤锅中的浮渣，它与平面细网勺功能相当，不同的是把柄设计成像汤勺般，且适合人体功学的好用好拿，使用上较圆形大平面细网轻巧许多，主要用途为去除油锅中表面的浮渣，以保持油炸品及油品的质量。

定时器

透过定时器可提醒您注意拿捏好食品的烹饪状况，更能让您将5分钟倍数使用，利用时间做另一道菜，算是家庭主妇烹饪的好帮手。市面上的定时器通常分为电子式及手动式两种，只要您用得顺手就是好工具。

基本炸法1——干粉炸

基本做法： 干粉炸是将食材稍微腌过后，再沾裹上干燥的粉类，直接放入油锅中炸。

适用料理： 食材本身水分较多时，例如：海鲜、水果、蔬菜等；或是预备将炸好的食材进行第二次烹调，例如：糖醋、烧烩等方式。

基本口感： 用干粉炸的方式完成后，吃起来口感较酥脆、干爽，表皮略有颗粒感。

炸法攻略

步骤1

先将肉排拍松且断筋，拍松的目的在于将肉的纤维拍断，肉质会较软容易咬断；断筋可防止油炸时肉排过度收缩而卷起变形，可维持漂亮的外形。

步骤2

肉排先腌过，除了可以增加风味之外，湿润的表面还能紧密沾裹上干粉，否则若直接沾粉，粉类不易沾黏在肉排表面。

步骤3

沾裹上干粉的肉排要稍放至返潮，别忽略这个小细节，待表面干粉都潮湿后可以增加干粉的附着力，下油锅油炸就不容易脱粉，吃起来口感更酥脆。

步骤4

下锅时油温要足够，尤其是使用干粉炸，180℃的高油温可以快速让表面定型，不会导致肉排上的干粉脱浆，轻松维持肉排酥脆的好口感。

炸粉攻略

配方1：地瓜粉（酥脆）

特色：地瓜粉又称番薯粉，呈颗粒状，属于淀粉的一种，用途非常广泛。特色是可使炸物的酥脆度较持久，不仅口感酥脆，而且即使放置时间较长也不会变软。

配方2：地瓜粉＋吉士粉（酥脆香黄）

特色：吉士粉又称为鸡蛋粉，因成分中含有香草粉、奶粉和蛋黄粉，带有奶香和果香味，加入炸粉中可增添香气，且炸过后颜色较黄。

基本炸法2——湿粉炸

基本做法： 湿粉炸是将干粉与腌料拌成糊状粉浆，食材裹上调味的粉浆后油炸。

适用料理： 食材本身口味较清淡，或是想让外皮增加风味时。

基本口感： 外皮因混合了腌料风味较丰富，口感依照粉类有所差别，但通常脆度没干粉炸那么酥脆，甚至会带有点弹性。

炸法攻略

步骤 1

肉排还是需要事先腌制过，这样可避免只有外面粉浆有味道，而里头的肉排淡而无味。

步骤 2

待肉排腌制入味后，再加入干粉，让裹在肉排上的干粉吸收腌料，并且容易裹附在肉排上。

步骤 3

加入的干粉必须抓拌均匀到无干粉状，这样油炸后才不会在表面形成不均匀的颗粒，口感会比较好。

步骤 4

粉浆若太厚吃起来口感不佳，因此需要将裹在肉排上多余的粉浆去除，但仍需要留薄薄的一层，这样风味与口感最好。

炸粉攻略

配方 1 淀粉（爽滑酥不油腻）

特色：淀粉是以生土豆淀粉制成，将淀粉和水混合后，会变得糊化黏稠性颇高，且口感较为细致润滑、有韧劲。

配方 2 低筋面粉 + 玉米淀粉 + 蛋液 + 吉士粉（松软多汁）

特色：以低筋面粉和玉米淀粉为基底，保持必备的酥脆，但是加入能带出松软口感的蛋液以及释出香气的吉士粉，炸粉的黏着度更好、包覆性高，可以锁住肉汁不流失，色泽卖相佳。

基本炸法3——吉利炸

基本做法： 吉利炸是来自西式油炸的方式，因此又称作西炸，是将食材依序沾裹上低筋面粉、蛋液、外裹物，再放入中油温中油炸。

适用料理： 让食材口感明显，维持较长时间的酥脆感，产生较美观的外观。

基本口感： 吃起来非常酥脆，外皮与内部食材口感层次分明，表面有明显的颗粒感。

炸法攻略

步骤 1

腌好的肉排先沾裹上一层薄薄的低筋面粉，作用是吸附下个步骤的蛋液，因此顺序不能弄错。而多余的粉要先抖除，这样炸好的外皮才不易脱落。

步骤 2

沾过低筋面粉的肉排再沾裹上蛋液，蛋液可以增加黏性，沾裹上外裹物时才能牢牢吸附。

步骤 3

特色就在最外层的沾裹物，一般来说都以口感酥脆的面包粉为主，沾的时候要稍微用力压一下，才能完整均匀地沾裹上。

步骤 4

油温不能太高，油炸时间也不宜太久，否则外裹物容易变焦黑，吃起来就不够美味。

炸粉攻略

配方 低筋面粉＋蛋液＋面包粉（易上色有脆壳）

面包粉是由小麦制成，因不具黏着性，所以不易附着于食物表面，通常使用时，会在炸物上先裹上其他面糊或蛋液。面包粉有粗细之分，面包粉脆度较佳，用来油炸食物，口感较酥脆，外观也会呈现漂亮的金黄色，且能较长时间保存食物的酥脆度，不会太快变得松软，酥脆度更持久，就算冷了也很好吃。

基本炸法4——粉浆炸

基本做法： 粉浆炸有点像湿粉炸，是将食材均匀沾裹好事先调好的液态粉浆，再放入高油温的油锅炸至成型。

适用料理： 想产生一层酥脆的表皮，也可以享受食材本身的口感与美味。

基本口感： 吃起来外面有酥酥的口感，但内部口感则是鲜嫩多汁。

炸法攻略

步骤 1

因为炸好后表面会产生一层脆皮，因此肉排要先腌制入味，才能吃到鲜嫩多汁的口感。

步骤 2

粉浆要事先调匀，至完全没有干粉状，再均匀地沾裹在肉排上，炸出来的肉排才会漂亮酥脆。

步骤 3

粉浆炸的肉排不能太厚，因为有一层厚厚的粉浆包裹，肉太厚不易熟透，会增加炸制时间，表皮容易变焦黑。

步骤 4

如果不知道怎么判别肉排是否炸熟，可以用剪刀在表面剪一刀，看肉排的组织是否完全熟透。

炸粉攻略

配方 细玉米粉 + 低筋面粉 + 盐 + 白糖 + 香蒜粉 + 水（口感较酥硬）

特色：炸粉中比例最高的细玉米粉，其实是玉米脱水后直接磨成的，故较市面上经过多道手续处理、提炼的玉米粉更具玉米香气，可于杂粮店购买。此配方调出来的粉浆色泽微黄，口感较酥硬且有淡淡的玉米香和蒜香气。

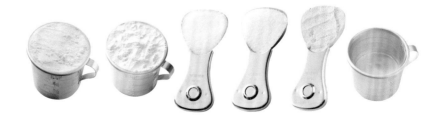

橙汁排骨

🍖 材料
里脊肉大排骨　2片
橙皮　　　　　少许

🫙 调料
盐　　　　　少许
白糖　　　　少许
橙汁　　　　50毫升
水淀粉　　　少许

🫙 腌料
盐　　　　　少许
白糖　　　　少许
橙汁　　　　2大匙
酱油　　　　1小匙
淀粉　　　　少许

📖 做法
❶ 排骨洗净擦干水；橙皮洗净后去掉白色纤维并切丝，
　备用。
❷ 取一容器，放入排骨、橙皮丝与腌料搅拌均匀，备用。
❸ 起一锅，放入适量色拉油烧热至160℃，将腌好的排
　骨放入油锅中炸2分钟，捞起备用。
❹ 另起一锅，倒入适量的油后，将除水淀粉外的调料放
　入搅拌均匀。
❺ 再放入炸好的排骨煮至入味后，以水淀粉勾薄芡即可。

香茅炸猪排

🍖 材料
猪排	2片
（约260克）	
蒜泥	20克
姜泥	20克

🧂 调料
水	1大匙
酱油	1大匙
米酒	1茶匙
白糖	2茶匙
香茅粉	1/2茶匙
白胡椒粉	1/4茶匙
淀粉	30克

📋 做法
1 猪排洗净，用肉槌拍松，并断筋备用。

2 蒜泥、姜泥与除淀粉外的所有调料拌匀。

3 备好的猪排加入混合的腌料拌匀，腌制30分钟备用。

4 将腌好的猪排加入淀粉拌匀成黏稠状备用。

5 起油锅，烧热至油温约180℃，放入猪排，以中火炸约5分钟至表皮成金黄酥脆，捞出沥干油即可。

美味多一点　　香茅粉可在大型超市购得，如果买不到香茅粉，可以用干燥或新鲜的香茅切碎替代。

蒜汁炸排骨

📋 材料
猪肋排　1根
（约250克）
蒜　40克

🫙 调料
A
盐　1/4茶匙
鸡精　1/4茶匙
白糖　1茶匙
料酒　1大匙
水　3大匙
小苏打　1/8茶匙
B
淀粉　2大匙
蛋清　1大匙

📋 做法
❶ 猪肋排洗净剁成小段，将调料A与蒜放入果汁机，搅打成泥后再加入蛋清，放入猪肋排抓匀，腌制20分钟备用。

❷ 将淀粉加入腌过的猪肋排抓匀备用。

❸ 热锅倒入约200毫升色拉油，以大火将油温烧热至约160℃后，将猪肋排下锅，转小火炸约6分钟，转中火炸至金黄酥脆即可。

味噌炸排骨

材料
里脊肉大排骨　　2片
葱末　　　　　　5克
地瓜粉　　　　　1/2杯
面包粉　　　　　1杯

腌料
米酒　　　　　　3大匙
味淋　　　　　　2大匙
味噌　　　　　　3大匙

做法
① 大排骨洗净擦干; 地瓜粉、面包粉拌匀, 备用。
② 取一容器, 倒入腌料调匀, 放入葱末, 将排骨与腌料充分拌匀, 腌制30分钟, 备用。
③ 将腌好的排骨放入调匀的地瓜面包粉中, 均匀地沾上粉后, 备用。
④ 起一锅, 放入适量色拉油烧热至160℃, 再放入排骨, 转小火炸2分钟捞起。
⑤ 续转大火, 再次放入炸过的排骨炸至外观呈金黄色即可捞起。

韩式炸猪排

🍢 材料

A

猪里脊排	4片
（约300克）	
低筋面粉	1/2杯

B

低筋面粉	1杯
细玉米粉	2杯
盐	1/2茶匙
白糖	1茶匙
香蒜粉	1茶匙
水	1.5杯

🫙 腌料

洋葱	40克
姜	10克
蒜	40克
水	50毫升
韩国辣椒酱	2大匙
白糖	1大匙
鱼露	1大匙
料酒	1大匙

🍳 做法

1. 所有材料B拌匀成粉浆；所有腌料放入果汁机中打匀，备用。
2. 将猪里脊排用肉槌拍成厚约0.5厘米的薄片，用刀把猪里脊排的肉筋切断。
3. 取猪里脊排放入腌汁中抓拌均匀，腌制约20分钟，备用。
4. 取出腌制好的猪里脊排，将两面均匀地沾上低筋面粉，再裹上混合拌匀的粉浆。
5. 热油锅至油温约150℃，放入猪里脊排以小火炸约2分钟，再改中火炸至表面呈金黄酥脆状起锅即可。

香草猪排

📋 **材料**

A

猪里脊排	2片
（约150克）	

B

鸡蛋	2个
低筋面粉	50克
面包粉	100克

🍶 **调料**

盐	1/4茶匙
白糖	1/4茶匙
迷迭香粉	1/6茶匙
香芹粉	1/6茶匙
意式综合香料	1/6茶匙
白胡椒粉	1/6茶匙

📖 **做法**

❶ 猪里脊排洗净，用肉槌拍松，用刀把猪里脊排的肉筋切断；鸡蛋打散成蛋液，备用。

❷ 将所有腌料拌匀，均匀地撒在猪里脊排上抓匀，腌渍约20分钟，备用。

❸ 取出腌好的猪里脊排，两面均匀地沾上低筋面粉，轻轻抖除多余的粉后沾上蛋液，再沾上面包粉，并稍微用力压紧。

❹ 抖除猪里脊排上多余的面包粉；热油锅至油温约120℃，放入猪里脊排以小火炸约2分钟，再改中火炸至外表呈金黄酥脆后起锅即可。

海苔猪排

材料

A

猪里脊排　　2片
（约150克）

B

鸡蛋　　　　1个
低筋面粉　　30克
面包粉　　　50克
海苔粉　　　1大匙

腌料

盐　　　　　1/8茶匙
白糖　　　　1/4茶匙
迷迭香粉　　1/6茶匙
白胡椒粉　　1/6茶匙
水　　　　　1大匙

做法

1. 猪里脊排洗净，用肉槌拍松，用刀把猪里脊排的肉筋切断；鸡蛋打散成蛋液、面包粉和海苔粉拌匀，备用。

2. 将所有腌料拌匀，均匀地撒在备好的猪里脊排上抓匀，腌制约20分钟，备用。

3. 取出腌制好的猪里脊排，先均匀沾上低筋面粉后裹上蛋液，再裹上海苔面包粉并稍微用力压紧。

4. 热油锅至油温约120℃，放入处理好的猪里脊排以小火炸约3分钟，再改中火炸至表面呈金黄酥脆状即可。

排骨酥

🍖 **材料**

排骨	600克
地瓜粉	100克
蒜泥	30克

🧂 **调料**

水	4大匙
盐	1/4茶匙
香油	1大匙
酱油	1大匙
白糖	1大匙
米酒	1大匙
五香粉	1/2茶匙
甘草粉	1/4茶匙
白胡椒粉	1/4茶匙
淀粉	20克

🍳 **做法**

❶ 排骨切适当大小的块状，洗净后沥干水分，放入稍大的容器中备用。

❷ 将蒜泥和除淀粉外的所有调料依序加入容器中。

❸ 依次放入排骨搅拌，充分入味，放置约5分钟，盖上保鲜膜腌制30分钟。

❹ 于容器中加入淀粉拌匀成黏稠状。

❺ 再将排骨均匀沾裹上地瓜粉，静置约1分钟返潮备用。

❻ 热油锅，待油温烧热至约180℃，放入排骨，以中火炸约5分钟至表皮成金黄酥脆，捞出沥油即可。

超厚里脊猪排

材料

A

里脊肉片（厚2厘米）	200克
盐	少许
胡椒粉	少许
圆白菜丝	适量

B

低筋面粉	适量
鸡蛋液	40克
面包粉	适量

调料

猪排酱	适量
现磨芝麻酱	适量

做法

1. 将里脊肉片洗净，用刀在肉片四周划开、断筋，双面撒上盐、胡椒粉后，腌制约10分钟备用。

2. 再于里脊肉片上依序沾上低筋面粉、鸡蛋液、面包粉，即为猪排的半成品。

3. 取一油锅，放入适量色拉油烧热至170℃，将猪排放入油锅中，以中小火油炸。

4. 炸至猪排表面呈金黄色、拨动后能浮起即可夹起，直立放在网架上沥油。

5. 猪排切片盛盘，放入圆白菜丝，搭配现磨芝麻酱及猪排酱即可。

蓝带吉士猪排

🥬 材料

A

里脊肉片	100克×2片
（1厘米厚）	
莫扎瑞拉吉士	40克
圆白菜丝	适量
小黄瓜片	适量

B

低筋面粉	适量
鸡蛋液	40克
面包粉	适量

🧂 调料

盐	少许
胡椒粉	少许
淀粉	少许

📖 做法

1. 将里脊肉片洗净，单面分别撒上盐、胡椒粉，腌制约10分钟后，撒上薄薄的淀粉备用。
2. 将莫扎瑞拉吉士切成小块备用。
3. 将吉士块放在腌过的1片里脊肉片中间，再把另1片里脊肉片叠上，并用手压紧成猪排。
4. 将猪排依序沾上低筋面粉、鸡蛋液、面包粉放入油锅中，以中小火加热至油温约170℃，油炸至表面呈金黄色，拨动后能浮起，即可夹起沥油。
5. 将猪排盛盘，放入圆白菜丝、小黄瓜片即可。

串扬猪排

材料

A

里脊肉片	200克
（2厘米厚）	
盐	少许
胡椒粉	少许
竹签	3根

B

低筋面粉	适量
鸡蛋液	40克
面包粉	适量

调料

猪排酱汁	适量
黄芥末	适量
西红柿	1片
柠檬	2片

做法

1. 将2厘米厚的里脊肉片洗净切成6小块，均匀撒上盐、胡椒粉后，腌制约10分钟，并依序沾上低筋面粉、鸡蛋液、面包粉备用。

2. 将备好的里脊肉块放入油锅中，以中小火加热至油温约170℃，油炸至表面呈金黄色，拨动后能浮起，即可捞起沥干油备用。

3. 将炸好的里脊肉块串上竹签，2块一串，搭配西红柿、柠檬装饰。

4. 另取一小碟，倒入猪排酱汁，边缘抹上一点黄芥末，食用时蘸裹增味即可。

苹果奶酪卷猪排

材料

A

里脊肉片	100克×2片
（1厘米厚）	
苹果	1/2个
片状吉士	1片
苹果片	适量

B

低筋面粉	适量
鸡蛋液	20克
面包粉	适量

调料

盐	少许
胡椒粉	少许
淀粉	少许

做法

1. 苹果洗净，连皮切成长条状；吉士片对折备用。

2. 将里脊肉片两端作蝴蝶切，撒上盐、胡椒粉腌制约10分钟，再撒上薄薄的淀粉备用。

3. 取1片腌好的里脊肉片，中间包入苹果条和吉士片卷起，再依序沾上低筋面粉、鸡蛋液、面包粉，将另一片里脊肉片重复步骤包裹好。

4. 将里脊肉卷放入油锅中，以中小火加热至油温约170℃，炸至表面金黄，拨动后能浮起，即可捞起沥干油，斜切盛盘，附上苹果片装饰即可。

蜜汁排骨

🍖 材料
大里脊排　　2片
白芝麻　　　少许

🧂 腌料
蜂蜜　　　　2大匙
酱油　　　　2大匙
米酒　　　　2大匙

🧂 调料
味啉　　　　1大匙
酱油　　　　1大匙
水　　　　　3大匙

🍳 做法
1. 将带骨的大里脊排洗净，用刀背或肉槌略拍数下，放入拌匀的腌料中腌制10分钟至入味；白芝麻炒香备用。
2. 取一平底锅烧热后，倒入少许色拉油，放入浸泡好的大里脊排，用小火煎炸至两面皆变色后即可取出。
3. 锅底留余汁，再加入所有调料煮开，放入煎好的大里脊排，用小火煮至酱汁变浓稠后，即可取出大里脊排，并撒上熟白芝麻即可。

> **美味多一点**
> 材料中的水也可用高汤取代，滋味会更好。高汤的做法可用氽烫后的排骨加入冷水，用小火熬煮约1小时以上即可。

糖醋猪排

炸猪排　　　1块
（参考各式吉利炸的排骨）
青椒　　　　40克
洋葱　　　　40克

🧂 **调料**

A
白醋　　　　3大匙
番茄酱　　　2大匙
白糖　　　　4大匙
水　　　　　2大匙
B
水淀粉　　　1茶匙
香油　　　　1茶匙

📋 **做法**

❶ 炸猪排切小块盛盘，备用。

❷ 青椒洗净去籽后切丝；洋葱去皮洗净切丝，备用。

❸ 热锅下1大匙色拉油，以小火炒香青椒丝和洋葱丝，加入所有调料A煮开，以水淀粉勾芡，再洒上香油，淋至做法1的猪排上即可。

椒盐排骨

材料
排骨300克，葱花30克，蒜末15克，红辣椒末15克

调料
A 盐1/4茶匙，鸡粉1/4茶匙，白糖1/2茶匙，小苏打1/8茶匙，蛋清1大匙，米酒1/2大匙，水1大匙，淀粉3大匙 B 椒盐粉1茶匙

做法
1. 将排骨剁成小块，洗净沥干。
2. 调料A调匀，将排骨放入腌制约30分钟。
3. 热一锅，下入适量色拉油烧热至约160℃，将腌好的排骨一块一块入油锅，小火炸约12分钟至表面酥脆后捞起。
4. 洗净锅，放入少许色拉油，小火爆香葱花、蒜末及辣椒末，放入炸好的排骨，撒上调料B后小火炒匀即可。

莎莎猪排

材料
炸猪排1块（做法请参考58页），西红柿1/2个，红辣椒1个，蒜10克，香菜3克，洋葱20克

调料
盐1/6茶匙，柠檬汁1茶匙，白糖1/2茶匙

做法
1. 西红柿洗净氽烫去皮后切碎；红辣椒、蒜、香菜洗净切碎；洋葱去皮洗净切碎，备用。
2. 将做法1中的所有材料加入所有调料拌匀即为莎莎酱，备用。
3. 将炸猪排切小块，淋上莎莎酱即可。

美味多一点
肉排内夹奶酪，建议使用焗烤用的奶酪，加热后会有黏稠感，再淋上莎莎酱，浓郁的奶酪加上酸辣的酱汁，非常对味。

椒麻炸排骨

材料
台式炸猪排1片（做法请参考85页），花椒适量，葱末10克，蒜末10克，香菜末10克

调料
酱油1大匙，鱼露1/2大匙，白糖1大匙，白醋少许，柠檬汁2大匙

做法
① 将炸猪排切块，放入盘中备用。
② 取一锅，放入花椒以小火炒香后压扁、剁碎。
③ 将全部调料拌匀，与葱末、蒜末、香菜末一起加入锅中拌炒均匀，淋在盘中的猪排上即可。

芹菜猪排

材料
台式炸猪排1块（做法请参考85页），芹菜60克，蒜10克，红辣椒1个

调料
盐1/8茶匙，白糖1/8茶匙，香油1/2茶匙

做法
① 台式炸猪排切小块，备用。
② 芹菜洗净去叶片后切小段；蒜和红辣椒洗净切末，备用。
③ 热锅下1大匙色拉油，以小火爆香红辣椒末、蒜末、芹菜段，加入台式炸猪排块，改大火快炒约5秒后，加入所有调料炒匀即可。

日式凉拌猪排

材料

海苔猪排　　1块
（做法请参考55页）
圆白菜　　　50克
红椒　　　　20克
熟白芝麻　　1/2茶匙

调料

日式酱油　　1大匙
柠檬汁　　　1/4茶匙
白糖　　　　1/2茶匙

做法

1 海苔猪排切小块，备用。

2 红椒洗净去籽、切条，备用。

3 所有调料调匀成酱汁，备用。

4 圆白菜洗净切丝，沥干水分后盛盘，摆上海苔猪排块和红椒条，淋上酱汁后，撒上熟白芝麻即可。

酸辣排骨

材料
排骨	400克
葱花	40克
蒜末	30克

调料

A
盐	1/4茶匙
白糖	1茶匙
米酒	1大匙
水	3大匙
蛋清	1大匙
小苏打	1/8茶匙
淀粉	1大匙

B
色拉油	2大匙

C
辣椒酱	3大匙
白醋	2大匙
白糖	1大匙
米酒	2大匙
水	50毫升
水淀粉	1大匙
香油	1大匙

做法
1. 排骨剁小块洗净,用调料A拌匀腌制约20分钟后,加入色拉油略拌备用。
2. 热锅,倒入下200毫升色拉油,待油温烧至约150℃,将腌好的排骨下锅,以小火炸约6分钟,起锅沥干油备用。
3. 在锅中留约2大匙色拉油,以小火炒香蒜末、辣椒酱,加入白醋、米酒、水及白糖炒匀。
4. 加入炸好的排骨,以小火略炒约半分钟,加入水淀粉炒匀,撒入葱花、淋上香油拌匀即可。

美式猪排卷

中里脊肉　1条
土豆　　　1/2个
吉士片　　4片
低筋面粉　少许

🧂 调料
番茄酱　　少许
胡椒盐　　少许

🍽 做法

❶ 中里脊肉洗净后切除筋膜，横切成薄片，并在表面上轻划几条刀痕；土豆洗净去皮，切成剖面约1平方厘米的长条状备用。

❷ 于中里脊排上撒上胡椒盐、抹上番茄酱，铺上1片吉士片，再于中里脊排的一端放置1根土豆条卷起，插入牙签固定后，表面再沾裹少许低筋面粉。

❸ 将半锅油烧热至油温约170℃时，放入猪排卷，用小火炸约5分钟至颜色呈金黄色，再转大火炸约30秒就捞起沥干油，待凉后切段摆盘即可。

七味蒜片煎牛小排

📖 **材料**

去骨牛小排　300克
蒜　　　　　30克

🧂 **调料**

七味粉　　　1茶匙
盐　　　　　1/2茶匙

📋 **做法**

❶ 去骨牛小排洗净切片；蒜切片，备用。

❷ 热锅，倒入2大匙色拉油，将蒜片下锅，以小火煎至金黄色后，取出蒜片备用。

❸ 再将牛小排下锅，以小火煎至两面微焦香后，均匀地撒上盐，取出装盘。

❹ 将煎好的蒜片及七味粉撒至牛排上即可。

香煎牛小排

材料
牛小排3片，奶油60克

腌料
巴比烤酱适量

做法
1. 牛小排洗净，加入腌酱拌匀，均匀腌泡约20分钟。
2. 热一锅，放入奶油烧热，以中火烧至8成热，转小火。
3. 将腌好的牛小排放入锅中，每面煎约4分钟，至表皮香酥即可。

香煎羊小排

材料
羊小排300克，生菜2片，蒜末1小匙

调料
黑胡椒酱1大匙，米酒适量

做法
1. 将调料中的黑胡椒酱、蒜末混匀入锅略炒，备用。
2. 羊小排洗净，加入米酒腌制10分钟；生菜洗净铺于盘底，备用。
3. 取锅烧热后，倒入2大匙油，将腌制后的羊小排下锅煎熟捞起，放入生菜盘中，均匀淋上调匀的蒜味黑胡椒酱即可。

传统炸排骨

材料
猪肉排　　　2片
（约240克）
蒜泥　　　　30克

调料
酱油　　　　1大匙
盐　　　　　1/4茶匙
白糖　　　　1大匙
米酒　　　　1大匙
水　　　　　4大匙
白胡椒粉　　1/4茶匙
五香粉　　　1/2茶匙
甘草粉　　　1/4茶匙
淀粉　　　　30克

做法
① 将猪肉排洗净，用肉槌拍松断筋后，加入蒜泥和除淀粉外的所有调料拌匀，腌制30分钟。
② 将腌好的肉排两面沾裹淀粉拌匀，使其表面均匀裹上一层淀粉糊，备用。
③ 热一油锅，待油温烧热至约180℃，放入肉排以中火炸约5分钟，至表皮成金黄酥脆时，捞出沥干油即可。

美味多一点　将猪肉排裹湿粉炸制的关键，在于淀粉的浓稠度要调整得恰到好处，让猪肉排可以薄薄裹上一层湿粉，油炸后口感最佳。

酥炸肉排

🍲 材料

猪肉排	2片
（约160克）	
蒜末	15克
地瓜粉	100克

🧂 调料

酱油	1茶匙
五香粉	1/4茶匙
料酒	1茶匙
水	1大匙
鸡蛋	1个（取1/2蛋清用）
椒盐粉	1茶匙

🍳 做法

❶ 将猪肉排洗净，用肉槌拍成厚约0.5厘米的薄片；所有调料（除椒盐粉外）与蒜末一起拌匀，与打薄的猪排抓匀腌制20分钟，备用。

❷ 将腌过的猪肉排两面均匀地拍上薄薄的一层地瓜粉备用。

❸ 热油锅，待油温烧热至约180℃，放入猪肉排，以大火炸约2分钟至表面金黄时捞起沥油，食用时可蘸椒盐粉享用。

经典炸排骨

材料

猪肉排　　　2片
（约240克）
葱段　　　　20克
姜　　　　　20克
蒜泥　　　　15克
地瓜粉　　　100克

调料

酱油　　　　1大匙
白糖　　　　1茶匙
甘草粉　　　1/4茶匙
五香粉　　　1/4茶匙
米酒　　　　1大匙
水　　　　　3大匙

做法

1. 猪肉排洗净，用肉槌拍松断筋。
2. 葱段及姜洗净拍松，放入大碗中。
3. 在大碗中加入水和米酒腌出汁后，挑去葱段和姜，加入蒜泥和其余调料，拌匀成腌汁。
4. 将猪肉排放入腌汁中腌制30分钟。
5. 腌好的猪肉排上均匀沾上地瓜粉备用。
6. 热一油锅，待油温烧热至约180℃，放入猪肉排，以中火炸约5分钟至表皮呈金黄酥脆，捞出沥干油即可。

美味多一点

以干粉沾裹猪肉排下油锅炸的时候，一定要确定油温达到180℃，才不会导致猪肉排上的粉脱浆，如此操作才是好吃又美观的炸排骨。

台式炸猪大排

材料
猪大排	1片
蒜泥	15克

调料
酱油	1大匙
五香粉	1/4茶匙
米酒	1茶匙
水	1大匙
鸡蛋	1个（取1/2蛋清用）
淀粉	30克

做法
1. 猪大排洗净，用肉槌拍松，加入除淀粉外的所有调料和蒜泥拌匀，腌制30分钟备用。
2. 将腌好的猪大排加入淀粉拌匀裹上一层淀粉糊，备用。
3. 热锅，倒入约400毫升色拉油，待油温烧热至约180℃，放入处理好的肉排，以小火炸约5分钟至表皮金黄酥脆时，捞出沥干油即可。

沙茶炸猪排

🍲 材料

猪排	2片
（约260克）	
蒜泥	20克
姜泥	20克
地瓜粉	100克

🧂 调料

盐	1/4茶匙
水	1大匙
米酒	1茶匙
白糖	2茶匙
沙茶粉	1大匙
黑胡椒粉	1/4茶匙

📋 做法

❶ 猪排洗净，用肉槌拍松，并断筋备用。

❷ 蒜泥、姜泥与所有调料拌匀成腌料。

❸ 将猪排加入腌料拌匀，腌制30分钟备用。

❹ 将腌好的猪排沾裹地瓜粉，静置约1分钟返潮备用。

❺ 热油锅，待油温烧热至约180℃，放入猪排以中火炸约5分钟至表皮金黄酥脆，捞出沥干油即可。

黑胡椒猪排

🍲 材料

A

猪里脊排	4片
（约300克）	

B

低筋面粉	1/2杯
玉米淀粉	1杯
黏米粉	1/2杯
辣椒粉	1大匙
香蒜粉	2大匙
黑胡椒粒	1大匙

🧂 腌料

A

葱	2根
姜	10克
蒜	40克
水	100毫升

B

洋葱粉	1茶匙
香芹粉	1茶匙
胡荽粉	1茶匙
黑胡椒粉	1大匙
白糖	1大匙
盐	1茶匙
料酒	2大匙

🍳 做法

1. 将猪里脊排洗净，用肉槌拍成厚约0.5厘米的薄片，用刀把猪里脊排的肉筋切断。

2. 所有材料B拌匀成炸粉；所有腌料A放入果汁机中加入水打成汁，用滤网将调料渣滤除，再加入所有腌料B拌匀成腌汁，放入处理后的猪排抓拌均匀，腌制约20分钟，备用。

3. 取猪里脊排放入炸粉中，用手掌按压让炸粉沾紧，翻至另一面同样略按压后，拿起轻轻抖掉多余的炸粉。

4. 将猪里脊排静置约1分钟让炸粉回潮；热油锅至油温约150℃，放入猪里脊排小火炸约2分钟，改中火炸至表面金黄酥脆状后起锅即可。

辣酱猪排

材料

A

猪里脊排	4片
（约300克）	

B

低筋面粉	1/2杯
玉米淀粉	1杯
黏米粉	1/2杯
辣椒粉	1大匙
香蒜粉	2大匙
辣椒粉	1大匙

腌料

蒜泥	40克
水	50毫升
五香粉	1/8茶匙
香芹粉	1/4茶匙
花椒粉	1/2茶匙
辣椒酱	1大匙
白糖	1大匙
盐	1/6茶匙
料酒	1大匙

做法

1. 将猪里脊排洗净，用肉槌拍成厚约0.5厘米的薄片，用刀把猪里脊排的肉筋切断。

2. 所有材料B拌匀成炸粉；所有腌料拌匀成腌汁，备用。

3. 取猪里脊排加入腌汁抓拌均匀，腌制约20分钟，备用。

4. 将腌制后的猪里脊排放入炸粉中，用手掌按压让炸粉沾紧，翻至另一面同样略按压后，拿起轻轻抖掉多余的炸粉。

5. 将猪里脊排静置约1分钟让炸粉回潮，热油锅至油温约150℃，放入猪里脊排以小火炸约2分钟，再改中火炸至表面呈金黄酥脆状后起锅即可。

五香炸猪排

🍖 材料
猪里脊排　　4片
（约300克）
蒜泥　　　　40克

🍶 调料
A
盐　　　　　1/4茶匙
鸡粉　　　　1/4茶匙
五香粉　　　1/4茶匙
白糖　　　　1茶匙
料酒　　　　1大匙
水　　　　　3大匙
B
鸡蛋液　　　1大匙
淀粉　　　　2大匙

📖 做法
1. 将猪里脊排洗净，用肉槌拍成厚约0.5厘米的薄片，用刀把猪里脊排的肉筋切断。
2. 将蒜泥和所有调料A放入果汁机中打成泥后倒入盆中，放入猪里脊排并加入鸡蛋液抓拌均匀，腌制约20分钟后，倒入淀粉抓拌均匀备用。
3. 热油锅至油温约150℃，放入备好的猪里脊排以小火炸约2分钟，再改中火炸至外表呈金黄酥脆后起锅即可。

> **美味多一点**
> 虽然说湿粉炸的粉浆已经有调味，但是肉排还是需要事先腌制过，这样才不会只有外面粉浆有味道，而里头的肉排淡而无味。

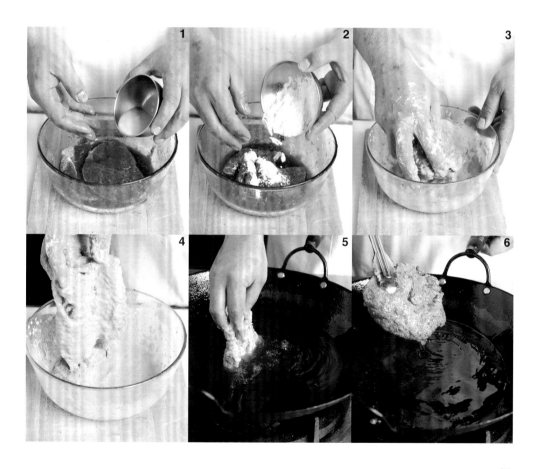

香炸猪排

📋 材料

A

猪里脊排	4片
（约300克）	

B

鸡蛋液	2茶匙
低筋面粉	2大匙
玉米淀粉	2大匙
吉士粉	2茶匙

🧂 腌料

A

葱	1根
芹菜	15克
香菜	5克
洋葱	20克
姜	10克
蒜	40克
水	100毫升

B

盐	1/4茶匙
白糖	1大匙
味精	1茶匙
料酒	2大匙

📖 做法

① 将猪里脊排洗净，用肉槌拍成厚约0.5厘米的薄片，用刀把猪里脊排的肉筋切断。

② 所有腌料A放入果汁机中加入水打成汁，用滤网将调料渣滤除，再加入所有腌料B拌匀成腌汁，备用。

③ 将腌汁倒入盆中，加入猪里脊排、再倒入蛋液抓拌均匀，腌制约20分钟后，加入玉米淀粉、吉士粉和低筋面粉抓拌均匀，备用。

④ 热油锅至油温约150℃，放入猪里脊排以小火炸约2分钟，再改中火炸至外表金黄酥脆后起锅即可。

红糟猪排

材料
去骨大里脊肉350克，小黄瓜片适量，蒜末5克，姜末5克，地瓜粉适量

调料
糖1小匙，红糟酱100克，米酒2大匙

做法
❶ 大里脊肉洗净沥干切片，以肉槌捶打拍松，再加入蒜末、姜末以及所有调料拌匀，腌制约60分钟，再沾上地瓜粉静置5分钟备用。

❷ 热锅，加入适量色拉油烧热至160℃，将备好的猪排放入炸一下，改小火炸约3分钟，再改大火炸一下，捞出沥油盛盘。

❸ 食用前再加入小黄瓜片搭配即可。

酥炸排骨

材料
大排骨6片

裹粉料
水3/4杯，色拉油1/2杯，鸡蛋1个，面粉1.5杯，地瓜粉1/2杯，黏米粉1/2杯

腌料
酱油1大匙，胡椒盐1小匙，蒜末1大匙，香油1大匙，鸡粉2小匙

做法
❶ 大排骨洗净，用肉槌拍打至组织松软后，加入所有腌料拌匀，放入冰箱冷藏，腌制约3小时备用。

❷ 将裹粉材料混合，拌打均匀备用。

❸ 将排骨均匀沾裹粉料成面衣后，放入油锅以150℃的油温炸至熟透即可。

青葱猪排

材料
猪排	2片
（约260克）	
蒜泥	20克
姜泥	20克

调料
水	1大匙
白糖	2茶匙
米酒	1茶匙
酱油	1大匙
香葱粉	1大匙
五香粉	1/6茶匙
白胡椒粉	1/4茶匙
淀粉	30克

做法
1. 猪排洗净，用肉槌拍松并断筋备用。
2. 蒜泥、姜泥与除淀粉外的所有调料拌匀成腌料。
3. 将备好的猪排加入腌料拌匀，腌制30分钟备用。
4. 将腌好的肉排加入淀粉，使肉排表面均匀裹上面糊，备用。
5. 热油锅，待油温烧热至约180℃，放入肉排以中火炸约5分钟至表皮金黄酥脆，捞出沥干油即可。

美味多一点
香葱粉通常是用来做葱饼或面点、烘焙调味使用，可在食品材料行购到。如不易取得，将较多量新鲜的葱切末也能替代。

台式炸猪里脊排

材料
猪里脊排　　2片
（约150克）
地瓜粉　　　125克
蒜泥　　　　15克

调料
酱油　　　　1茶匙
五香粉　　　1/4茶匙
料酒　　　　1茶匙
水　　　　　1大匙
蛋清　　　　15克

做法
❶ 将猪里脊排洗净，用肉槌拍成厚约0.5厘米的薄片，用刀把猪里脊排的肉筋切断。

❷ 所有调料和蒜泥拌匀后倒入盆中，放入猪里脊排抓拌均匀，腌制约20分钟，备用。

❸ 取腌制好的猪里脊排放入地瓜粉中，用手掌按压让地瓜粉沾紧，翻至另一面同样略按压后，拿起轻轻抖掉多余的地瓜粉。

❹ 将猪里脊排静置约1分钟让地瓜粉回潮；热油锅至油温约150℃，放入猪里脊排以小火炸约2分钟，再改中火炸至表面呈金黄酥脆状后，起锅即可。

酥炸猪大排

材料
猪大排　　2片
（约200克）
蒜末　　15克
地瓜粉　250克

调料
A
五香粉　　1/4茶匙
米酒　　　1茶匙
水　　　　1大匙
椒盐粉　　1茶匙
酱油　　　1茶匙
B
椒盐粉　　1大匙
蒜香粉　　1茶匙
蛋清　　　1大匙
水　　　　1/2杯

做法
1. 猪大排洗净，用肉槌拍成厚约0.5厘米的薄片，备用。
2. 将调料A全部拌匀，放入备用的猪大排拌匀，腌制20分钟。
3. 将调料B调成粉浆备用。
4. 热一锅，放入适量色拉油，待油温烧热至约160℃，将腌制好的猪大排沾上粉浆后放入油锅中，以中火炸约2分钟至表皮呈金黄酥脆状，捞出沥干即可。

厚片猪排

🍖 材料

去骨大里脊肉	250克
面粉	适量
鸡蛋液	适量
面包粉	适量
圆白菜丝	适量

🧂 调料

盐	适量
胡椒粉	适量
猪排酱	适量

🍳 做法

❶ 大里脊肉洗净沥干，以肉槌将肉排略拍松。

❷ 在肉排上撒上盐、胡椒粉抹均匀，再依序沾上面粉、鸡蛋液、面包粉，静置5分钟使其反潮。

❸ 将猪排放入油温160℃的油锅中炸约5分钟至熟，捞起沥油。

❹ 食用时可切片，搭配圆白菜丝及猪排酱一起食用即可。

香椿排骨

材料
排骨500克, 香椿50克, 鸡蛋1个, 面包粉150克

调料
五香粉1小匙, 淀粉50克, 盐少许, 黑胡椒粉少许, 香油1小匙, 酱油1大匙, 水200毫升

做法
① 排骨洗净并擦干; 鸡蛋磕破取蛋液; 香椿叶洗净沥干切碎, 备用。

② 将面包粉与淀粉混合拌匀, 备用。

③ 将排骨放入容器中, 加入鸡蛋液、其余所有调料, 搅拌均匀后腌制20分钟, 备用。

④ 将香椿碎加入腌料容器中一起搅拌均匀后, 放入混合的面包粉和淀粉中, 使之均匀地沾上粉后, 备用。

⑤ 起锅, 放入适量色拉油烧至160℃, 将排骨放入油锅中炸约3分钟至金黄色外观捞出即可。

红糟排骨酥

材料
排骨600克, 面粉20克, 地瓜粉100克, 蒜末30克

调料
红糟酱2大匙, 酱油1大匙, 料酒1茶匙, 五香粉1/2茶匙

做法
① 排骨洗净剁小块后, 加入蒜末和所有调料拌匀腌制30分钟, 再加入面粉拌匀增加黏性备用。

② 将排骨均匀沾裹地瓜粉后, 腌制约1分钟备用。

③ 热锅倒入约200毫升色拉油, 待油温烧热至约180℃, 放入排骨中火炸约10分钟至表皮成金黄酥脆时, 捞出沥干油即可。

葱酥排骨

🍖 材料

排骨	400克
辣椒	2个
葱花	40克
红葱酥	30克

🧂 调料

Ⓐ

盐	1/4茶匙
白糖	1茶匙
米酒	1大匙
水	3大匙
蛋清	1大匙
小苏打	1/8茶匙

Ⓑ

淀粉	3大匙
色拉油	2大匙

Ⓒ

胡椒盐	2茶匙

🍳 做法

❶ 排骨剁小块洗净,用调料A拌匀腌制约20分钟后,加入淀粉拌匀,再加入色拉油略拌;辣椒洗净,切末,备用。

❷ 热锅,倒入约400毫升色拉油,待油温烧至约150℃,将腌好的排骨下锅,以小火炸约6分钟后,起锅沥油备用。

❸ 锅中留约1大匙油,热锅后以小火炒香葱花及辣椒末。

❹ 再加入炸好的排骨及红葱酥炒匀,撒上胡椒盐炒匀即可。

黄金炸排骨

🥘 材料

里脊肉大排骨　2片
鸡蛋　　　　　1个
地瓜粉　　　　250克

🧂 腌料

蒜末　　　5克
葱末　　　5克
酱油　　　1大匙
白糖　　　1/2大匙
米酒　　　2大匙
盐　　　　少许
胡椒粉　　少许
五香粉　　少许

🍳 做法

1. 排骨洗净后，将表面擦干，再用肉锤或刀背拍打数下后，备用；鸡蛋磕破取蛋液。
2. 将所有腌料倒入碗中，搅拌均匀，备用。
3. 把备好的排骨放入容器中，把鸡蛋液及腌料一起放入与排骨搅拌均匀，腌制约15分钟。
4. 地瓜粉铺平于盘内，将腌好的排骨两面均匀地沾上地瓜粉，备用。
5. 起一锅，锅中放入适量色拉油，烧热至170℃。
6. 把排骨放入油锅中炸，再改转中火油炸2分钟后捞起，备用。
7. 续将油烧热至180℃后，将捞起的排骨再次放入油锅中炸约30秒钟即可。

PART 3

排骨烤蒸篇

蒸排骨无疑是做法最简单且毫无油烟的健康菜之一，只要处理好材料，放入蒸笼或电锅内，就可等着好菜上桌，丝毫不费心力，也不必担心满室油烟。烤排骨的美味关键是肉质与酱汁，它们不只决定了排骨的风味，还能突显油亮诱人的色泽；当然再拿捏好烤的温度与时间，便能做出引人垂涎的烤排骨美味了。

沙茶烤羊小排

📋 材料
羊小排　　　　4片

🧂 调料
台式沙茶腌酱　适量

📋 做法
1️⃣ 羊小排洗净沥干,以台式沙茶腌酱腌制4小时以上备用。

2️⃣ 将腌制的羊小排平铺于网架上,以中小火烤约8分钟,并适时翻面让两面都呈稍微焦香状态即可。

台式沙茶腌酱

材料
沙茶酱60克,蒜30克,酱油50毫升,白糖20克,米酒15毫升,黑胡椒粉3克

做法
1.蒜剁成泥备用。
2.将剩余所有材料与蒜泥混合拌匀即可。

金瓜粉蒸排骨

📋 **材料**

排骨400克，南瓜500克，蒸肉粉1包，鸡蛋1个

🍶 **调料**

盐1小匙，白糖1小匙，酱油1大匙，米酒1大匙，
五香粉少许

🍴 **做法**

1. 南瓜洗净、去籽、切成块状，摆放入深盘中；鸡蛋磕破取蛋液，备用。
2. 排骨洗净并沥干后放入容器中，加入调料、鸡蛋液及蒸肉粉拌均匀，腌制30分钟，备用。
3. 将腌好的排骨铺在盛有南瓜的盘中，再放入蒸锅蒸约40分钟即可。

甜辣酱烤排骨

📋 **材料**

排骨250克

🍶 **调料**

Ⓐ 蒜香粉1茶匙，酱油1大匙，白糖1茶匙，嫩精1/4茶匙，米酒1大匙 Ⓑ 甜辣酱（泰式）4大匙

🍴 **做法**

1. 排骨剁成长约5厘米的长条，洗净、沥干水分备用。
2. 将所有调料A混合均匀，加入排骨条腌制约20分钟。
3. 烤箱预热，将腌制好的排骨条平放铺于烤盘上，放入烤箱以220℃烤约18分钟，至排骨表面略为焦黄，取出刷上泰式甜辣酱，再放入烤箱烤约1分钟即可。

糯米蒸排骨

🍖 **材料**

排骨	200克
蒜末	40克
长粒糯米	100克

🧂 **调料**

A

蚝油	1大匙
五香粉	1/4茶匙
花椒粉	1/4茶匙
白糖	1茶匙
香油	1大匙

B

盐	1/2茶匙
白胡椒粉	1/4茶匙
色拉油	1大匙

📖 **做法**

1. 排骨剁小块，洗净沥干；长粒糯米洗净泡冷水约2小时后沥干，加入所有调料B拌匀，备用。
2. 将沥干的排骨块和蒜末及所有调料A一起拌匀，腌制约10分钟备用。
3. 将腌制好的排骨块均匀沾上混有调料的长粒糯米后，依序放置于盘上。
4. 将糯米排骨成品放入蒸笼内，以大火蒸约40分钟后取出即可。

照烧猪排

🍖 材料

猪里脊排	2片
（约200克）	
圆白菜	50克

🧂 调料

A

蒜香粉	1/4茶匙
酱油	1/2茶匙
白糖	1/2茶匙
米酒	1茶匙

B

照烧烤肉酱	1大匙

C

七味粉	适量
熟白芝麻	适量

📋 做法

1. 猪里脊排切成厚约1厘米片状；圆白菜洗净切细丝后，泡入冰水约2分钟，沥干装盘，备用。
2. 将调料A在容器中混合均匀，放入猪里脊排腌制20分钟备用。
3. 将烤箱预热至250℃，取腌好的里脊排平铺于烤盘上，放入烤箱烤约6分钟。
4. 取出肉排，刷上照烧酱后再入烤箱烤1分钟，取出装盘，撒上七味粉与熟白芝麻即可。

美味多一点

白芝麻要熟的才有香味，如果只有生的白芝麻，可以放入干锅中，以小火干炒至香味溢出即可。

蜜汁烤排骨

🍖 材料

猪小排	500克
蒜末	30克
姜末	20克

🧂 调料

A

酱油	1茶匙
五香粉	1/4茶匙
白糖	1大匙
豆瓣酱	1/2大匙

B

麦芽糖	30克
水	30毫升

🍳 做法

1. 猪小排剁成长约5厘米的块，洗净沥干，将蒜末、姜末和调料A混合，均匀涂抹于肉排上腌20分钟备用。
2. 将调料B中的麦芽糖及水一同煮溶成酱汁备用。
3. 烤箱预热至200℃，取腌好的肉排平铺于烤盘上，放入烤箱烤约20分钟。
4. 取出烤好的肉排，刷上酱汁即可。

美味多一点

肋排在烤的时候容易沾黏在烤盘上，尤其是加上酱汁更容易沾黏，因此烤盘上可以先铺上一层铝箔纸，并在铝箔纸上刷一层薄薄的油，这样就不容易沾黏了。

奶酪猪排

材料
带骨大里脊排4片，奶酪丝250克，西芹少许，奶油少许

腌料
蜂蜜1大匙，酱油1大匙

做法

① 将带骨大里脊排洗净，用刀背或肉锤两面拍松，放入拌匀的腌料中浸泡30分钟至入味备用。

② 取一平底锅，热锅后放入少许奶油，待奶油融化后，放入做法1的大里脊排，用中火煎至两面皆变色，且筷子可轻易戳过时离火取出。

③ 取一烤盘，铺上铝箔纸，放上做法2的里脊排，并于里脊排上均匀撒上奶酪丝，即可放入烤箱内，用200℃烤约5分钟，至表面奶酪软化呈金黄色时取出，趁热撒上西芹即可。

香烤子排

材料
小排骨600克

腌料
蒜5瓣，番茄酱2大匙，酱油2大匙，料酒1小匙，白糖1大匙

调料
味啉适量

做法

① 蒜拍碎备用；小排骨剁成约8厘米长段洗净，加入所有腌料拌均匀，并用竹签在排骨肉上戳几个洞，腌制40分钟至入味。

② 于烤箱最底层铺上铝箔纸，并开180℃预热；将腌入味的排骨一根根排开在烤架上送入烤箱，烤的过程中可取出2~3次刷上味啉，烤约25分钟至肉呈亮红色时取出即可。

奶酪猪排

香烤子排

蒜香胡椒焗烤猪肋排

材料
猪肋排	450克
面包粉	1小匙
奶酪丝	1大匙

调料
蒜香黑胡椒酱	2大匙

做法
1. 猪肋排洗净,加入蒜香黑胡椒酱腌制约20分钟,再放入预热好的烤箱中,以上火150℃、下火150℃烤约30分钟取出。
2. 在烤后的猪肋排上,撒上奶酪丝和面包粉,再放入预热好的烤箱中,以上火250℃、下火100℃烤约5分钟至奶酪表面呈金黄色泽即可。

蒜香黑胡椒酱

材料
奶油1大匙、蒜3瓣(切碎)、红葱头5瓣(切碎)、高汤500毫升、玉米粉1大匙、水1大匙、盐适量

调料
黑胡椒粗粒20克、红椒粉5克

做法
1. 奶油以小火煮至融化,放入蒜碎、红葱头碎以小火炒香,将所有调味料放入锅中以小火炒香,再加入高汤以小火熬煮20分钟。
2. 将玉米粉和水搅拌均匀,倒入做法1的锅中勾芡,再倒入盐调味即可。

梅子蒸排骨

材料
猪小排300克，辣椒2个，紫苏梅150克，水20毫升

调料
盐1/2茶匙，味精1/2茶匙，白糖1茶匙，淀粉1大匙，米酒1大匙，香油30毫升

做法
1. 猪小排剁小块，以流动的冷水冲洗，去血水后捞起沥干备用。
2. 辣椒洗净切细丝；紫苏梅略捏碎，备用。
3. 将猪小排块倒入盆中，加入所有调料（除香油外）、紫苏梅及辣椒丝，充分拌匀至水分被排骨吸收。
4. 续于盆中加入香油拌匀，放入蒸笼以大火蒸煮约20分钟即可。

美式烤肋排

材料
猪小排500克，蒜30克

调料
A 盐1/4茶匙，白糖1/4茶匙，粗黑胡椒粉1/2茶匙，百里香粉1/4茶匙 B 番茄酱2大匙，蜂蜜1大匙，洋葱20克，苹果20克，水3大匙

做法
1. 猪小排剁成长约5厘米的块状，洗净沥干，将调料A混合均匀后，涂抹于肉排上，腌制20分钟备用。
2. 将调料B及蒜用果汁机打成泥成烤肉酱备用。
3. 烤箱预热至200℃，取腌好的肉排平铺于烤盘上，放入烤箱烤约10分钟。
4. 取出肉排涂上烤肉酱，再放入烤箱烤约5分钟，取出肉排，再刷上一次烤肉酱，入烤箱再烤约5分钟即可。

黑胡椒肋排

材料

肋排	600克
青椒	10克
黄椒	10克
蒜末	10克

调料

酱油	1大匙
辣酱油	1/2大匙
黑胡椒	1大匙
红酒	2大匙
嫩肉粉	少许
盐	少许
色拉油	1大匙

做法

1. 肋排洗净、沥干备用。
2. 蒜末及所有调料搅拌均匀备用。
3. 将肋排与所有调料混合拌匀,腌制约1个半小时备用。
4. 青椒、黄椒洗净、切末、混合均匀。
5. 将腌好的肋排放入已预热的烤箱中，以200℃烤约35分钟。
6. 边烤边刷上调味汁，最后撒上青椒、黄椒末续烤5分钟即可。

番茄奶酪烤猪排

🍽 材料
猪里脊　　　3片
鸡蛋液　　　20克
面粉　　　　1小匙
奶酪丝　　　50克

🍴 调料
番茄红酱　　2大匙

📋 做法
1. 猪里脊洗净，分别沾裹蛋液、面粉后，放入平底锅中煎熟，再取出放入烤盘中，淋上番茄红酱和奶酪丝。
2. 放入预热好的烤箱中，以上火250℃、下火150℃烤约5分钟至表面奶酪呈金黄色泽即可。

番茄红酱

材料
整粒腌渍番茄1罐（约400克）、番茄汁4罐（约340克）、番茄糊1罐（约340克）、蒜末5克、洋葱碎50克、香草1束、奶酪粉100克、橄榄油1大匙、盐适量

做法
1. 将整粒番茄去籽、捏碎后，以滤网过滤汁备用。
2. 取一深锅，倒入橄榄油加热，放入蒜末以小火炒香，再放入洋葱碎炒软后，放入香草束拌炒，再加入碎番茄、番茄汁、番茄糊，以小火熬煮15～20分钟至汤汁收干约为2/3量时，加入奶酪粉拌匀，并以盐调味即可。

备注
香草束只要将香叶1片、西芹1段、胡萝卜1小条、新鲜罗勒茎1小条全部以棉线绑成一束即可。

黑椒烤牛小排

材料

去骨牛小排300克

调料

酱油50毫升，沙茶酱60克，米酒15毫升，蒜泥30克，白糖20克，粗黑胡椒粉5克

做法

1. 牛小排洗净沥干，加入所有调料拌匀，腌制约20分钟备用。
2. 烤箱预热至250℃，将牛小排平铺于烤盘上，入烤箱烤3～5分钟即可。

美味多一点 烤箱记得先预热再放入牛排，让烤箱的温度升到适当的温度，才不会在放入牛排前几分钟因温度不足，而延长烤制时间，这样不但浪费时间，牛排口感与熟度也不好控制。

迷迭香烤羊小排

材料

羊小排4根，蒜末20克，姜末10克

调料

迷迭香1/2茶匙，意大利综合香料1/4茶匙，盐1/2茶匙，白糖1茶匙，白酒2大匙

做法

1. 羊小排洗净沥干备用。
2. 将姜末、蒜末及所有调料拌匀成腌酱，放入羊小排腌制约2小时备用。
3. 取出羊小排铺于烤盘上，将剩余腌料抹于羊小排上。
4. 烤箱预热至250℃，将羊小排入烤箱烤约5分钟即可。

蒜香羊小排

📋 材料

羊小排　　3片
奶油　　　60克

🍶 腌料

基本蒜香酱　适量

🍳 做法

① 羊小排洗净，加入腌料拌匀，腌制约40分钟。

② 热一锅，放入奶油烧热，以中火烧至8成热，转中小火。

③ 将羊小排放入锅中，每面煎约3分钟，至表皮香酥。

④ 取出煎好的羊小排，放入已预热的烤箱，以230℃烤约2分钟至8成熟即可。

美味多一点

基本蒜香酱

材料

大蒜片50克、橄榄油3大匙、辣椒碎10克、西芹碎1大匙、白酒80毫升、黑胡椒粗粉少许、白糖少许、盐少许、高汤500毫升

做法

热锅，倒入橄榄油烧热，将大蒜片、辣椒碎炒香，加入白酒、西芹碎略为拌炒，再加入高汤、盐、黑胡椒粗粉、糖调味即可。

烧烤猪肋排

材料
猪肋排	500克
西芹末	适量
番茄	2个

腌料
B.B.Q腌酱	适量

做法
1. 将B.B.Q腌酱混合均匀备用。
2. 猪肋排洗净，加入混合的B.B.Q腌酱拌匀后，腌制约30分钟备用。
3. 将腌好的猪肋排放入已预热的烤箱中，以150℃烤约30分钟。
4. 烤好后取出猪肋排盛盘，加上切片的番茄，再撒上西芹末即可。

 美味多一点

虽然说肉切小块一点比较好入味，但是因为猪肋排需要长时间的烘烤，因此尽量整块腌制再烤，以免让肉质过老。

B.B.Q腌酱

腌料
白酒2大匙、蒜末1/4小匙、番茄酱1/2小匙、辣椒末1/4小匙、橄榄油1大匙、A1牛排酱2大匙、意式香料1/4小匙。

做法
将所有材料混合均匀即可。

烤牛小排

🥩 材料

牛小排	300克
蒜	15克
丰水梨	50克
红葱头	20克

🧂 调料

味醂	2大匙
酱油	2大匙
米酒	1大匙
白糖	1大匙

🍽 做法

1. 将蒜、丰水梨、红葱头和所有调料放入果汁机中，搅打成泥备用。
2. 将牛小排放入调味泥中，腌制一夜（约8小时）备用。
3. 将腌制好的牛小排放入烤箱中，先以120℃烤约10分钟，再以200℃烤至表面焦香后取出即可。食用时可撒上适量黑胡椒粗粉（材料外）增加风味。

美味多一点

烤肉时由于没有任何水蒸气，肉质很容易紧缩而变得干硬，因此最好挑选牛小排这类较有肉且脂肪含量多的部位，让原有的油脂在遇高温时融化释出，烤过后才能维持肉质的油嫩与弹性，吃起来口感较佳。

香芋蒸排骨

材料

小排骨	300克
辣椒	2个
芋头	150克
葱段	20克

调料

A

盐	1/2茶匙
白糖	2茶匙
淀粉	1大匙
水	20毫升
米酒	1大匙

B

香油	30毫升

做法

1. 小排骨剁小块，冲水洗去血水后捞起沥干；辣椒洗净，切细；芋头洗净去皮切小块，备用。

2. 排骨倒入大盆中，加入调料A及辣椒末、芋头、葱段，充分搅拌均匀至排骨入味。

3. 加入香油拌匀，放入蒸锅中以大火蒸约15分钟即可。

蒜酥蒸排骨

材料

小排骨300克，辣椒2个，绿竹笋100克，蒜酥15克

调料

Ⓐ 酱油1.5大匙，白糖1茶匙，淀粉1大匙，水20毫升，米酒1大匙 Ⓑ 香油30毫升

做法

① 小排骨剁小块，冲水洗去血水后捞起沥干；辣椒洗净切细；绿竹笋洗净切小块，备用。

② 排骨倒入大盆中，加入调料A、绿竹笋及辣椒末，充分搅拌均匀至排骨入味。

③ 再加入蒜酥，淋入香油拌匀，放入蒸锅中以大火蒸约15分钟即可。

树子蒸排骨

材料

小排骨300克，辣椒1个，树子30克，姜末5克，葱花适量

调料

树子汤汁2大匙，蚝油1茶匙，白糖1茶匙，淀粉1大匙，水20毫升，米酒1大匙，香油30毫升

做法

① 小排骨剁小块，冲水洗去血水后捞起沥干；辣椒洗净切细；树子略捏碎，备用。

② 排骨倒入大盆中，加入除香油外的所有调料、树子、姜末及辣椒末，充分搅拌均匀至调料汁被排骨吸收。

③ 再加入香油拌匀，放入蒸锅中以大火蒸约15分钟，撒上葱花即可。

梅菜蒸排骨

🍖 材料

小排骨	300克
辣椒	2个
姜末	10克
梅干菜	10克

🍶 调料

酱油	1大匙
白糖	1茶匙
淀粉	1大匙
水	20毫升
米酒	1大匙
香油	30毫升

🍴 做法

1. 小排骨剁小块，冲水洗去血水后捞起沥干；辣椒洗净切细；梅干菜泡水1小时后洗净沥干切末，备用。
2. 排骨倒入大盆中，加入所有调料（除香油外）、梅干菜末、姜末及辣椒末，充分搅拌均匀至排骨吸收入味。
3. 再加入香油拌匀，放入蒸锅中大火蒸约20分钟即可。

> **美味多一点**
>
> 梅干菜在烹调前一定要浸泡清水，除了让干燥的梅干菜吸饱水分之外，也能去除多余的盐分，吃起来才不会太咸，此外还能将藏在叶片中的泥沙彻底去除。

竹叶蒸排骨

材料

肋排	300克
蒜末	20克
姜末	10克
竹叶	4张

调料

蚝油	2大匙
花椒粉	1/2茶匙
酒酿	1大匙
白糖	1茶匙
绍兴酒	1大匙
香油	1大匙

做法

1. 肋排剁成长约5厘米的小块，洗净后沥干；竹叶用开水烫软后洗净，备用。
2. 将排骨及姜末、蒜末与所有调料一起拌匀后，腌制约20分钟备用。
3. 竹叶摊开，放入1块拌好的肋排，将竹叶包起，放置盘上，将其余材料依序卷完。
4. 将竹叶排骨卷放入蒸锅中，以大火蒸约30分钟后取出，食用时打开竹叶即可。

美味多一点
包裹排骨时如果使用新鲜的竹叶就不用再以开水烫软，而用干燥的竹叶或是包粽子的粽叶，要先以开水烫软，包裹的时候才不会裂开。

酸姜蒸排骨

材料
小排骨300克，辣椒2个，酸姜80克

调料
盐1/2茶匙，白糖2茶匙，淀粉1大匙，水20毫升，米酒1大匙，香油30毫升

做法
1. 小排骨剁小块，冲水洗去血水后捞起沥干；辣椒洗净切小片；酸姜洗净切小块，备用。
2. 排骨倒入大盆中，加入除香油外的所有调料及辣椒片、酸姜，充分搅拌均匀至排骨吸收入味。
3. 再加入香油拌匀，放入蒸锅中以大火蒸约15分钟即可。

剁椒蒸排骨

材料
小排骨300克，蒜末20克，剁椒3大匙，水20毫升

调料
酱油1茶匙，白糖1茶匙，淀粉1大匙，米酒1大匙，香油1大匙

做法
1. 小排骨剁小块，冲水洗去血水后捞起沥干备用。
2. 排骨倒入大盆中，加入蒜末、　　　、糖、淀粉、水及米酒，充分搅拌均匀至水分被排骨吸收。
3. 再加入香油略拌匀后装盘，将剁椒淋至排骨上。
4. 将排骨放入蒸锅中，大火蒸约15分钟即可。

金针木耳蒸排骨

🥘 材料

小排骨	300克
黄花菜	20克
泡发黑木耳	60克
辣椒末	2个
蒜末	20克
水	20毫升

🧂 调料

盐	1/2茶匙
白糖	2茶匙
淀粉	1大匙
米酒	1大匙
香油	30毫升

📋 做法

1. 小排骨剁小块，冲水洗去血水后捞起沥干备用。

2. 黄花菜泡水30分钟至软后，洗净捞出沥干；辣椒洗净切细；泡发黑木耳洗净切小块，备用。

3. 排骨倒入大盆中，加入所有调料（香油除外）及蒜末、辣椒末、水、黄花菜、黑木耳，充分搅拌均匀腌制排骨入味。

4. 淋入香油拌匀，放入蒸锅中以大火蒸约15分钟即可。

腐乳蒸排骨

材料

小排骨	300克
辣椒	2个
南瓜	100克
蒜末	15克
水	20毫升

调料

豆腐乳	20克
腐乳汁	1大匙
白糖	1茶匙
淀粉	1大匙
香油	30毫升

做法

1. 小排骨剁小块，冲水洗去血水后捞起沥干；辣椒洗净切圈；南瓜洗净去皮切小块，备用。

2. 排骨倒入大盆中，加入所有调料（香油除外）、南瓜块、蒜末及水、辣椒圈，充分搅拌均匀至排骨入味。

3. 再加入香油拌匀，放入蒸锅中以大火蒸约15分钟即可。

美味多一点

蒸排骨时，盘中可以加上南瓜或是地瓜，再铺上排骨一起蒸，这些根茎类的蔬菜不但可以吸收排骨中的肉汁，其本身带有的鲜甜也可以替排骨提味，一举数得。

荷叶粉蒸排骨

材料

排骨	300克
蒜末	20克
姜末	10克
荷叶	1张
蒸肉粉	3大匙
水	50毫升

调料

辣椒酱	1大匙
酒酿	1大匙
甜面酱	1茶匙
白糖	1茶匙
香油	1大匙

做法

1. 排骨洗净沥干；荷叶放入滚沸的水中烫软，捞出洗净，备用。
2. 将排骨及姜末、蒜末与所有调料（香油除外）混合，一起拌匀，腌制约5分钟。
3. 于腌好的排骨中加入蒸肉粉拌匀，洒上香油。
4. 将烫软的荷叶摊开，放入拌有蒸肉粉的排骨，再将荷叶包起，放置盘上。
5. 将成品放入蒸笼内，以大火蒸约30分钟后取出，打开荷叶即可食用。

美味多一点

蒸肉粉是主要以糯米、大米、盐炒香后磨碎而成，视口味而定也会加入八角、花椒及五香等香料调味，由于本身已有咸度，因此使用时要注意这道菜的盐不宜过多。

XO酱蒸排骨

材料
小排骨　　　300克
蒜末　　　　20克

调料
XO酱　　　　4大匙
蚝油　　　　1茶匙
白糖　　　　1茶匙
淀粉　　　　1大匙
水　　　　　20毫升
米酒　　　　1大匙
香油　　　　30毫升

做法
1. 小排骨剁小块，冲水洗去血水后捞起沥干备用。
2. 排骨倒入大盆中，加入蒜末、蚝油、糖、淀粉、水及米酒，充分搅拌均匀至排骨入味。
3. 再加入XO酱及香油略拌匀。
4. 将排骨放入蒸锅中，以大火蒸约20分钟即可。

美味多一点

XO酱是由干贝制成的酱料，有浓郁的鲜味，用来蒸肉、蒸海鲜都非常对味，不过由于口味较重，因此其他调料需要斟酌调味比例，以免太咸破坏口感。

PART 4

排骨炖煮卤篇

香浓带有鲜甜的汤头，是炖煮排骨的美味之源，做法简单，任何人都能轻松上手。只要将排骨放入水中慢慢熬煮，再搭配新鲜蔬菜同煮，尝起来更是清甜无比。卤排骨由于熬煮时间长，充分吸收了调料的滋味与香气，因此肉质软嫩又入味，让人口齿留香，而调料的掌握便是其中最重要的美味关键。

鲜嫩卤排骨有秘诀

秘诀 1 调味用料决定焖、卤风味

焖、卤的调料分量要多，才能慢慢煮至汤液收汁，排骨才能完全吸收调料的味道；烹调前则多半无须腌过。调料除了基本的酱油、蚝油、酒、白糖或冰糖、醋、水外，还可加入葱段、姜块、蒜、洋葱、辣椒等来增加风味与香气。

秘诀 2 摇动锅，排骨不粘锅

焖、卤到最后，汤汁若收干，排骨就会粘锅，不但肉会焦黑，锅也很难洗。为了避免这种情况，可于焖、卤的后段期间提起锅把摇动数下，切记中途不可开锅盖以免香味散失。若不小心因炉火太大或时间过久而粘锅，则可把肉取出后，于锅中加水煮至滚开，就容易清除焦黑部分了。

秘诀 3 回锅排骨的最佳美味法

焖、卤的烹调方式也可当作排骨的回锅做法。尤其是剩下的炸排骨，或是其他炒、蒸过的排骨，但是因为回锅再炸、煎、炒，都会让肉质变老变硬，这时不妨再准备一些调料，将排骨回锅焖卤，也能增添不同的风味。

秘诀 4 盖紧锅盖风味不流失

排骨在焖、卤的过程中，切记得盖紧锅盖并以小火焖煮。盖紧锅盖的用意是防止水蒸气蒸发，以免调料的风味流失；小火焖煮则可避免汤汁太快滚沸而迅速变少浓缩，导致排骨容易焦黑。

基本卤法1——直接炸卤

基本做法：通常会先将肉排炸过，再放入卤汁中卤至入味。

适用料理：不想让肉排口感过于干涩，且能长时间保持鲜嫩多汁。

基本口感：吃起来除肉质软嫩外还富含肉汁，风味浓郁。

卤法攻略

步骤 1

肉排加入腌料先腌过，可以让肉排更加入味，若加入葱、姜、米酒一起腌制，更可以去腥提味。

步骤 2

事先经过油炸，可以让肉排表面先成熟，再经过卤制就不容易干涩，且风味与口感会更加丰富。

步骤 3

卤汁必须事先煮滚后，再放入肉排炖卤，否则肉排与卤汁一起煮沸，时间太长，肉质会变老且干涩。

步骤 4

炖卤肉排时记得转小火，才能保持肉质不老，卤汁也不易干掉，这样烧卤出的卤排骨口感最佳。

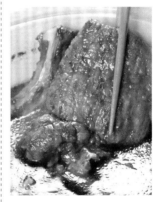

怎么样让卤排骨入味好吃

让排骨适度地浸泡在腌料中，是为了让排骨吃起来能更有味道，但通常排骨腌泡的时间不适合过久，1~2小时就已非常足够，免得腌泡过头了，排骨的口味变得太重、太咸。

基本卤法2——裹粉炸卤

基本做法： 裹粉炸卤是将排骨先加入地瓜粉酥炸之后，再放入卤汁中卤至入味。

适用料理： 想要让排骨吃起来表皮吸收饱满卤汁，又能吃到面衣炸过之后的风味。

基本口感： 炸过后裹粉吸收了卤汁，因此吃起来饱满又多汁，内层排骨也能保有鲜嫩的口感，多层次的风味让人上瘾。

卤法攻略

步骤 1

先用肉槌拍松排骨可以让肉的纤维断裂，在品尝的时候就比较容易咬断；切断排骨周围筋膜则可让肉受热不易卷曲变形。

步骤 2

加入地瓜粉会让排骨炸好后更酥脆，而这层表皮在入卤汁后，更能吸收饱满的卤汁，让排骨更多汁浓郁。

步骤 3

经过油炸让粉浆定型，记得要高温将排骨炸至金黄酥脆，这样炖卤时粉浆才不会脱落。

步骤 4

炖卤的过程千万不要太久，才能维持粉浆完整，尤其是当卤汁滚沸后，约卤3分钟就要熄火，再焖浸5分钟，这样口感最完美。

卤排骨时，汤汁必须盖过肉？

汤汁要盖过排骨，是为了避免排骨有些浸在汤汁中，而有些部分露在空气中，这样卤好的排骨不但颜色会变两截，风味也会不均匀。

卤排骨常见药材介绍

要做出美味的卤排骨，免不了使用一些常见的中药材，除了可以滋补外，也能够提引出食材本身的精华，让整锅卤肉香气四溢。所以在烹饪前，我们来认识一下这些卤排骨常见的中药材吧！

桂皮

味道较一般肉桂强烈，常被使用于中式菜肴中。

沙姜

减少肉类的膻腥味，有温中散寒、理气止痛的效用，可促进肠胃蠕动。

小茴香

具有舒缓头痛、健胃整肠、消除口臭等效用，也有祛寒止痛、镇静、缓和的功效。

花椒

具有温中散寒、暖胃消滞的作用，用在菜肴烹调中有防止肉质滋生病菌的效果。

草果

味带辛辣，可减轻肉腥味，主要生产于广东省。

丁香

有舒缓疼痛呕吐、解食物中毒的功效，温肾助阳、香气浓郁，可增进食欲。

甘草

属豆科植物，味甘、入口生津，具补中益气、泻火解毒、润肺祛痰的舒缓解药性，并有舒解长期压力的效果。

八角

香气浓烈，有甘草香味及微微甘甜。通常不直接食用，主要用来提味、去腥，卤肉或红烧菜中少不了八角。

卤排骨的好帮手

1 在汆烫和浸卤的时候都需要漏勺的帮忙，特别是一次制作多种材料的时候，选择大一点的漏勺，操作起来更方便。

2 为了能快速让卤好的材料降温，并保持好的口感和味道，深度适宜且够大的容器最方便，不仅可让所有材料摊开散热，刷香油时也会很方便。

3 想要有一锅干净美味的卤汁，就必须先将卤包处理好，让卤汁只有美味，而不漏出药材使卤汁变浑浊，卤包的材料就必须使用棉布袋或纱布袋。

4 大汤锅是卤肉时必备的锅具，至于锅的大小，要看卤制食材的多少来决定，只要将材料和水放入，不超过八分满即可。

卤排骨的万用卤汁

台式卤汁

📋 **材料**

青葱2根，姜3片，蒜5瓣，红辣椒1个，水500毫升

🧂 **调料**

酱油100毫升，冰糖2大匙，米酒30毫升，万用卤包1个

📖 **做法**

❶ 青葱洗净切段；姜片洗净；蒜拍裂去膜；辣椒洗净去蒂头，备用。

❷ 炒锅内放入2大匙油，放入葱、姜、蒜、辣椒爆香至微焦，放入所有的卤汁调料炒香。

❸ 将炒锅的材料移入深锅中，加入水煮至滚沸即可。

五香卤汁

📋 **材料**

青葱2根，姜1小块，蒜5瓣，水500毫升

🧂 **调料**

酱油500毫升，冰糖1大匙，米酒2大匙，五香粉2克，白胡椒粉1小匙，八角3粒

📖 **做法**

❶ 青葱洗净、切段；姜洗净切片；蒜拍裂去膜，备用。

❷ 热锅倒入2大匙油，放入葱段、姜片、蒜爆香至微焦，放入所有调料炒香。

❸ 将锅中的材料移入深锅中，加入水煮至滚沸即可。

八角卤汁

📋 **材料**

青葱2根，姜3片，蒜5瓣，红辣椒1个，水500毫升

🧂 **调料**

酱油100毫升，冰糖2大匙，米酒30毫升，八角5粒，万用卤包1个

📖 **做法**

❶ 青葱洗净切段；姜片洗净；蒜拍裂去膜；辣椒洗净去蒂头，备用。

❷ 热锅倒入2大匙油，放入青葱段、姜片、蒜和辣椒爆香至微焦，放入所有调料炒香。

❸ 将锅中的材料移入深锅中，加入水煮至滚沸即可。

味噌排骨

材料
大排	600克
白萝卜	500克
姜末	20克
葱	30克
水	1000毫升

调料
细味噌	60克
酱油	3大匙
白糖	1茶匙
米酒	2大匙

做法
1. 大排剁小块洗净；白萝卜洗净去皮切小块；葱洗净切段，备用。
2. 烧一锅水，放入剁好的大排及白萝卜汆烫约1分钟，取出洗净备用。
3. 另取一锅，放入大排块、白萝卜块、姜末、米酒、水，细味噌用少许水调稀加入拌匀。
4. 将锅内材料以大火煮沸后，转小火盖上锅盖，烧煮约1个半小时。
5. 将酱油及白糖一起入锅调味，再煮约5分钟后，加入葱段即可。

笋干卤排骨

材料

排骨	200克
笋干	100克
姜	30克
辣椒	2个
水	600毫升

调料

鸡精	1茶匙
白糖	1大匙
酱油	4大匙

做法

❶ 排骨放入滚沸的水中氽烫约1分钟捞起，以冷水洗净备用。

❷ 笋干泡入冷水约30分钟，再放入滚沸的水中氽烫约5分钟捞起，用冷水洗净、沥干切段；姜及辣椒洗净，以刀背拍裂，备用。

❸ 取一锅，以拍裂的姜及辣椒垫底，依序放入笋干段、水、排骨及所有调料，以大火煮至汤汁滚沸，改转小火续煮约40分钟即可。

柿干炖排骨

🥘 材料
排骨	200克
柿干	2个
姜片	20克
无花果	50克
水	2000毫升

🧂 调料
盐	1茶匙
鸡精	1茶匙

📖 做法
❶ 排骨放入滚沸的水中汆烫一下，捞出洗净，放入汤锅中备用。

❷ 柿干去蒂切块；无花果洗净后与柿干块、姜片及水一起加入排骨汤锅中。

❸ 以中火煮至汤汁滚沸后，转小火使汤汁保持在微滚的状态下煮约1小时，再放入所有调料调味即可。

美味多一点　柿干称为"百果之圣"，含有蛋清质、脂肪、糖类、淀粉、多种维生素、碘、钙及磷等；无花果含有较高的果糖、果酸、蛋清质、维生素等成分，有滋补、润肠、开胃的作用。在汤品中加入柿干及无花果除了可以增添风味之外，其甘甜的滋味也可刺激味蕾，开胃效果佳！

冬瓜排骨汤

材料

排骨	200克
冬瓜	200克
姜片	8克
水	700毫升

调料

盐	1茶匙
鸡精	1茶匙
米酒	1茶匙

做法

1. 排骨切小块，放入滚沸的水中汆烫约1分钟捞起，以冷水冲净备用。
2. 冬瓜洗净去皮切小块，放入滚沸的水中汆烫约1分钟捞起，以冷水冲凉备用。
3. 将汆烫过的排骨块和冬瓜块放入汤锅中，加入姜片、水，以中火将汤汁煮至滚沸，转至小火使汤保持在微微滚沸的状态下煮约30分钟后，放入所有调料调味即可。

澳门大骨煲

🍃 材料

猪筒骨	3根
排骨	200克
（五花骨）	
胡萝卜	50克
白萝卜	80克
玉米	1根
老姜	20克
葱	1根
水	800毫升

🍶 调料

盐	1.5小匙

📖 做法

❶ 猪筒骨、排骨一起放入滚水中汆烫，捞出备用。

❷ 胡萝卜、白萝卜洗净去皮，切滚刀块；玉米洗净切小段，放入滚水汆烫捞出，备用。

❸ 老姜洗净去皮切片；葱洗净、去头部切段，备用。

❹ 热锅加适量色拉油，放入姜片、汆过水的猪筒骨、排骨，用小火炒3分钟。

❺ 将猪筒骨、排骨、胡萝卜块、白萝卜块、玉米段、葱段、水和调料放入内锅中，外锅加2杯水（分量外），按下开关，煮至开关跳起，揭开锅盖捞出姜片、葱段即可。

注: 猪筒骨即猪大腿骨，煲汤时要选购带肉的风味较好。

蔬菜排骨汤

材料

排骨	150克
芹菜	60克
胡萝卜	100克
圆白菜	120克
西红柿	2个
姜片	10克
水	800毫升

调料

盐	1茶匙
鸡精	1茶匙

做法

1. 排骨斩小块，放入滚沸的水中氽烫约1分钟捞起，以冷水冲洗备用。

2. 芹菜洗净切小段；圆白菜洗净切块；胡萝卜洗净去皮切块；西红柿洗净，底部外皮划十字，放入滚沸的水中氽烫约10秒捞起冲冷水，剥除外皮切块，备用。

3. 排骨块、姜片、水、芹菜段、圆白菜块、胡萝卜块及西红柿一起放入汤锅中。

4. 以中火将汤汁煮至滚沸，转小火使汤保持在微微滚沸的状态下煮约30分钟后，放入所有调料调味即可。

萝卜排骨酥汤

材料

排骨	200克
萝卜	1个
低筋面粉	适量
香菜	少许

调料

胡椒粉	少许
水	1000毫升
鲜美露	50毫升

腌料

鲜美露	36毫升
米酒	1大匙
五香粉	少许
胡椒粉	少许
鸡蛋	1个

做法

1. 腌料混合搅拌均匀后，放入排骨腌制约30分钟备用。

2. 将排骨沾裹上一层薄薄的低筋面粉后，放入油温为180℃的油锅中，炸至外观呈金黄色即可捞起沥油备用。

3. 萝卜洗净去除外皮后，先切成2厘米厚片，再分切成4等份块状。

4. 取汤锅，加入炸过的排骨、萝卜块、水与鲜美露同煮至萝卜变软后，盛入碗中，食用前再加入香菜和胡椒粉即可。

肉骨茶

🥘 材料
猪大排骨	200克
圆白菜	80克
蒜	10瓣
姜片	10克
水	800毫升

🧂 调料
盐	1茶匙
米酒	1茶匙

🧺 卤包材料
当归	5克
党参	8克
玉竹	4克
熟地	8克
桂皮	8克
陈皮	4克
黄芪	4克
甘草	4克
胡椒粒	6克

📖 做法
❶ 猪大排骨切小块，放入滚水中汆烫约1分钟，洗净后放入汤锅中备用；圆白菜洗净撕小片。

❷ 卤包材料用棉布包包好后放入汤锅中，再加入蒜及姜片、水。

❸ 开火煮沸后，转小火使汤保持在微滚沸的状态下，煮约50分钟后放入圆白菜。

❹ 再煮约10分钟，加入盐及米酒调味即可。

美味多一点　　若觉得肉骨茶的卤包中药很繁杂，准备起来麻烦，也可以直接请中药店帮你搭配，或是购买现成的肉骨茶包较为方便。不过因为每家配方不一，风味也会略有差异。

药炖排骨

🍲 材料

排骨	600克
（边仔骨）	
姜片	10克
水	1200毫升

🌿 中药材

黄芪	10克
当归	8克
川芎	5克
熟地	5克
黑枣	8颗
桂皮	10克
陈皮	5克
枸杞子	10克

🧂 调料

盐	1.5茶匙
米酒	50毫升

🍴 做法

❶ 排骨放入沸水中氽烫去血水；除当归、枸杞子、黑枣外，将其余中药材洗净后放入药包袋中，备用。

❷ 将药包袋、当归、枸杞子、黑枣、米酒与所有材料放入电锅中，外锅加1杯水（分量外），盖上锅盖，按下开关，待开关跳起，续焖20分钟后，加入盐调味即可。

> **美味多一点**
>
> 内行人都知道，吃药炖排骨重点不在于吃肉而在于啃骨头，因此店家出售的药炖排骨大都会选用这种带点肉的边仔骨，虽然肉不多，但是骨质较软且骨髓会吸收汤汁，啃起来特别有味道。不过这种排骨不好买，可以事先请肉贩预留。

红枣糯米炖排骨

材料
猪大排骨200克,圆糯米50克,红枣10颗,姜片10克,水800毫升

调料
盐1茶匙,米酒1茶匙

做法
1. 圆糯米洗净泡水20分钟后沥干备用。
2. 猪大排骨切小块,放入滚水中氽烫约1分钟,取出洗净放入汤锅中。
3. 将圆糯米、红枣及姜片、水加入汤锅中。
4. 开火煮沸后,转小火使汤保持在微滚沸的状态下,煮约50分钟后放入所有调料调味即可。

排骨炖山药

材料
排骨(猪龙骨)200克,山药40克,枸杞子10克,姜片10克,水 800毫升

调料
盐1茶匙,米酒1茶匙

做法
1. 排骨剁小块放入滚水中氽烫约1分钟,洗净后放入汤锅中备用;山药洗净去皮切片。
2. 山药、枸杞子及姜片、水加入汤锅中。
3. 开火煮沸后,转小火使汤保持在微滚沸的状态下,煮约50分钟,放入所有调料调味即可。

> **美味多一点**
> 淮山药其实就是山药的俗称,不过现在大多指经干燥加工过作为中药用的山药,比如四神汤与许多药膳中都会添加淮山药。

四物排骨汤

🍖 材料
排骨600克，姜片10克，水1200毫升

🧂 调料
盐1.5茶匙，米酒50毫升

🌿 中药材
当归8克，熟地5克，黄芪5克，川芎8克，芍药10克，枸杞子10克

🍲 做法
❶ 排骨洗净切块，放入沸水中汆烫去血水；所有中药材稍微清洗后沥干，放入药包袋中，备用。

❷ 将所有材料、中药包与米酒放入电锅内锅，外锅加1杯水（分量外），盖上锅盖，按下开关，待开关跳起，续焖20分钟后，加入盐调味即可。

苹果红枣炖排骨

🍖 材料
排骨500克，苹果1个，水1200毫升

🧂 调料
盐1.5茶匙

🌿 中药材
红枣10颗

🍲 做法
❶ 排骨洗净切块，放入沸水中汆烫去血水；苹果洗净后带皮剖成8瓣，挖去籽；红枣稍微清洗，备用。

❷ 将排骨、苹果、水和红枣放入电锅中，外锅加1杯水（分量外），盖上锅盖；按下开关，待开关跳起，续焖10分钟后，加入盐调味即可。

苦瓜排骨汤

材料
青苦瓜1/2根，排骨300克，小鱼干10克，水1000毫升

调料
盐少许

做法
❶ 青苦瓜洗净去籽、去白膜，切段备用。

❷ 小鱼干泡水、软化沥干；排骨切块，用热开水汆烫、洗净沥干，备用。

❸ 取一内锅，放入排骨、苦瓜、小鱼干及水。

❹ 将内锅放入电锅中，外锅放2杯水（分量外），盖锅盖后按下开关，待开关跳起后加盐调味即可。

金针排骨汤

材料
干黄花菜20克，排骨300克，香菜适量，水1500毫升

调料
盐少许，白胡椒粉适量

做法
❶ 干黄花菜泡水软化洗净沥干；排骨切块，用热开水汆烫、洗净沥干，备用。

❷ 取一内锅，放入排骨、黄花菜及水。

❸ 将内锅放入电锅中，外锅放2杯水（分量外），盖锅盖后按下开关，待开关跳起后加入所有调料，撒上香菜即可。

> **美味多一点** 选购黄色菜时要选择颜色不要太黄的，如果颜色太鲜艳可能是加了过多的化学添加剂，另外花的形状要完好，花瓣没有明显脱落的为佳。

玉米鱼干排骨汤

材料
梅花排	200克
（肩排）	
玉米	1根
胡萝卜	50克
小鱼干	15克
老姜片	10克
水	800毫升

调料
盐	1/2茶匙
鸡精	1/2茶匙
绍兴酒	1茶匙

做法
❶ 梅花排剁小块、汆烫洗净，备用。

❷ 玉米切段、胡萝卜切滚刀块，分别洗净、汆烫后沥干，备用。

❸ 小鱼干略冲洗后沥干，备用。

❹ 取一内锅，放入梅花排、玉米段、胡萝卜块、小鱼干，再加入老姜片、800毫升水及所有调料。

❺ 将内锅放入电锅里，外锅加入1杯水，盖上锅盖、按下开关，煮至开关跳起后，捞除姜片即可。

美味多一点 汤里加入小鱼干能增添风味，还能补充钙质。玉米要选择颗粒饱满的甜玉米，汤头会比较甜。

南瓜排骨汤

🥢 材料
腌排200克，南瓜100克，姜片15克，葱白2根，水800毫升

🧂 调料
盐1/2茶匙，鸡精1/2茶匙，绍兴酒1茶匙

🍲 做法
1 腌排剁小块、汆烫洗净，备用。
2 南瓜洗净去皮切块，汆烫后沥干，备用。
3 姜片、葱白用牙签串起，备用。
4 取内锅，放入腌排、南瓜块、姜片、葱白，再加入800毫升水及所有调料。
5 将内锅放入电锅里，外锅加入1杯水，盖上锅盖、按下开关，煮至开关跳起后，捞除姜片、葱白即可。

菜豆干排骨汤

🥢 材料
菜豆干50克，排骨300克，水800毫升

🧂 调料
盐少许

🍲 做法
1 菜豆干泡水洗净；排骨斩块，用热开水汆烫、洗净沥干，备用。
2 取一内锅，放入排骨、菜豆干及800毫升水。
3 将内锅放入电锅中，外锅放1杯水（分量外），盖锅盖后按下开关，待开关跳起后加盐调味即可。

海带排骨汤

🍲 材料

梅花排200克，海带1条，胡萝卜80克，老姜片15克，水800毫升

🍶 调料

盐1/2茶匙，米酒1茶匙

🍱 做法

① 梅花排剁小块、汆烫洗净，备用。

② 海带冲水略洗，剪3厘米段状，备用。

③ 胡萝卜去皮切滚刀块，备用。

④ 取一内锅，放入梅花排、海带、胡萝卜，再加入姜片、800毫升水及所有调料。

⑤ 将内锅放入电锅里，外锅加入1杯水，盖上锅盖、按下开关，煮至开关跳起后，捞除姜片即可。

芥菜排骨汤

🍲 材料

小排200克，芥菜心100克，老姜片15克，水800毫升

🍶 调料

盐1/2茶匙，鸡精1/2茶匙，绍兴酒1茶匙

🍱 做法

① 小排剁块、汆烫洗净，备用。

② 芥菜心削去老叶、切对半洗净，汆烫后过冷水，备用。

③ 取一内锅，放入小排块、芥菜心，再加入姜片、800毫升水及所有调料。

④ 将内锅放入电锅里，外锅加入1杯水（分量外），盖上锅盖、按下开关，煮至开关跳起后，捞除姜片即可。

青木瓜排骨汤

材料

腩排200克, 青木瓜100克, 姜片10克, 葱白2根,
水800毫升

调料

盐1/2茶匙, 鸡精1/2茶匙, 绍兴酒1茶匙

做法

1. 腩排剁小块、汆烫洗净, 备用。
2. 青木瓜洗净去皮切块、汆烫后沥干, 备用。
3. 姜片、葱白用牙签串起, 备用。
4. 取一内锅, 放入腩排、青木瓜、姜片、葱白, 再加入800毫升水及所有调料。
5. 将内锅放入电锅里, 外锅加入1杯水 (分量外), 盖上锅盖、按下开关, 煮至开关跳起后, 捞除姜片、葱白即可。

大头菜排骨汤

材料

排骨300克, 大头菜1/2个, 老姜30克, 葱1根,
水600毫升

调料

盐1小匙

做法

1. 将排骨剁小块, 放入滚水中汆烫后, 捞出洗净备用。
2. 大头菜去皮、切滚刀块, 放入滚水汆烫后捞出备用。
3. 老姜去皮切片; 葱只取葱白洗净, 备用。
4. 将排骨、大头菜、姜片、葱、水、盐放入内锅中, 外锅加1杯水 (分量外), 按下开关, 煮至开关跳起, 捞除葱白即可。

排骨玉米汤

材料
排骨600克，玉米3根，水1500~1800毫升

调料
盐1/3大匙，紫鱼味精1/3大匙，香油适量

做法
① 将排骨洗净斩块后用热水汆烫，去血水后捞起洗净、沥干备用；玉米洗净切段，备用。
② 将所有材料及调料一起放入内锅，加热煮沸后改中火煮5~8分钟，加盖后即可熄火，盛入保温焖烧锅中，焖2小时即可。

松茸排骨汤

材料
排骨500克，松茸100克，姜片30克，水1000毫升

调料
盐2大匙，米酒3大匙

做法
① 排骨洗净、切块、汆烫；松茸洗净备用。
② 取一内锅，加入姜片、汆烫的排骨块、松茸及调料，再放入电锅，外锅加约1.5杯水（材料外），盖上锅盖，按下开关，蒸约45分钟即可。

红白萝卜肉骨汤

🍃 材料
腩排200克，白萝卜80克，胡萝卜50克，蜜枣1颗，陈皮1片，罗汉果1/4个，南杏1茶匙，老姜片15克，葱白2根，水800毫升

🍶 调料
盐1/2茶匙，鸡精1/2茶匙，绍兴酒1茶匙

🍳 做法
❶ 蜜枣洗净；陈皮泡水至软，削去白膜；南杏泡水8小时；罗汉果去壳，备用。

❷ 腩排剁小块、氽烫洗净，备用。

❸ 胡萝卜、白萝卜洗净去皮，切滚刀块，氽烫后沥干，备用。

❹ 取一内锅，放入做法1、2、3的材料，以及姜片和葱白，再加入800毫升水及所有调料。

❺ 将内锅放入电锅里，外锅加入1杯水，盖上锅盖、按下开关，煮至开关跳起后，捞除姜片、葱白即可。

西红柿银耳煲排骨

🍃 材料
排骨300克，西红柿2个，银耳50克，水2000毫升

🍶 调料
盐少许，鸡粉少许

🍳 做法
❶ 排骨斩块，放入滚沸的水中氽烫去除血水，捞起以冷水洗净，备用。

❷ 西红柿洗净切块；银耳以冷水浸泡至软、去除硬头，洗净备用。

❸ 取一砂锅，放入备好的排骨，加入水2000毫升以大火煮至沸腾，转小火续煮约30分钟。

❹ 将西红柿块、银耳加入砂锅中，以小火续煮约1小时，起锅前加入所有调料拌匀即可。

山药薏米炖排骨

材料
排骨600克，姜片10克，水1200毫升

中药材
淮山20克，薏米50克，红枣10颗

调料
盐1.5茶匙，米酒50毫升

做法
1. 将排骨斩块，放入沸水中汆烫去血水；薏米泡水60分钟，备用。
2. 将所有材料、中药材及米酒放入电锅中，外锅加1杯水（分量外），盖上锅盖，按下开关，待开关跳起，续焖10分钟后，加入盐调味即可。

雪莲花排骨汤

材料
排骨600克，姜片10克，水1200毫升

调料
盐1.5茶匙，米酒50毫升

中药材
雪莲花1朵

做法
1. 将排骨斩块，放入沸水中汆烫去血水；雪莲花稍微清洗，备用。
2. 将所有材料、雪莲花与米酒放入电锅中，外锅加1杯水（分量外），盖上锅盖，按下开关，待开关跳起，续焖10分钟后，加入盐调味即可。

薏米红枣排骨汤

材料
排骨200克，薏米20克，红枣5颗，姜片15克，水600毫升

调料
盐3/4小匙，鸡精1/4小匙，米酒10毫升

做法
1 将薏米提前浸泡，排骨剁小块放入滚水中余烫后洗净，与洗净的薏米及红枣一起放入汤锅中，倒入水、米酒、姜片。
2 电锅外锅倒入1杯水，放入汤锅。
3 按下开关，蒸至开关跳起后，加入其余调料调味即可。

草菇排骨汤

材料
排骨酥300克，罐头草菇300克，香菜适量，高汤1200毫升

调料
盐1/2小匙，鸡精1/4小匙

做法
1 打开罐头草菇取出草菇，冲沸水烫除罐头味备用。
2 取内锅，放入排骨酥、草菇、高汤，再放入电锅中。
3 外锅加2杯水，按下开关，待开关跳起后，放入所有调料拌匀、撒上香菜即可。

苦瓜黄豆排骨汤

材料
小排200克，青苦瓜100克，黄豆1.5大匙，老姜片10克，葱白2根，水800毫升

调料
盐1/2茶匙，鸡精1/2茶匙，绍兴酒1茶匙

做法
1. 黄豆泡水8小时后沥干，备用。
2. 小排剁块、汆烫洗净；姜片、葱白用牙签串起，备用。
3. 青苦瓜洗净，直剖去籽，削去白膜后切块，汆烫后沥干，备用。
4. 取一内锅，放入小排、黄豆、苦瓜、姜片、葱白，再加入800毫升水及所有调料。
5. 将内锅放入电锅里，外锅加入1杯水，盖上锅盖、按下开关，煮至开关跳起后，捞除姜片、葱白即可。

白果腐竹排骨汤

材料
腩排200克，腐竹1根（约30克），干白果1大匙，老姜片10克，水800毫升

调料
盐1/2茶匙，鸡精1/2茶匙，绍兴酒1茶匙

做法
1. 腐竹、干白果泡水约8小时后沥干；腐竹剪5厘米长的段，备用。
2. 腩排剁小块、汆烫洗净，备用。
3. 取一内锅，放入腩排、腐竹、白果，再加入姜片、800毫升水及所有调料。
4. 将内锅放入电锅里，外锅加入1杯水，盖上锅盖、按下开关，煮至开关跳起后，捞除姜片即可。

花生米豆排骨汤

材料
排骨	200克
脱皮花生	2大匙
米豆	1大匙
红枣	5颗
姜片	10克
葱白	2根
水	800毫升

调料
盐	1/2茶匙
鸡精	1/2茶匙

做法
1. 花生、米豆泡水约8小时后沥干；红枣洗净，备用。
2. 排骨剁小块、氽烫洗净，备用。
3. 姜片、葱白用牙签串起，备用。
4. 取一内锅，放入排骨、花生、米豆、红枣及姜片、葱白，再加入800毫升水及所有调料。
5. 将内锅放入电锅里，外锅加入1杯水，盖上锅盖、按下开关，煮至开关跳起后，捞除姜片、葱白即可。

美味多一点
米豆虽然长得像黄豆，但是两者的口感与特性却是不一样的，两种豆子煮后，米豆较松软、而黄豆较硬。通常广式菜肴在煲汤上会用较多的豆类，具有一定的食疗效果。

苦瓜排骨酥汤

材料
排骨酥200克，苦瓜150克，姜片15克，水800毫升

调料
盐1/2小匙，鸡精1/4小匙，米酒20毫升

做法
1. 将苦瓜去籽后切小块，放入滚水中汆烫约10秒后，取出洗净，与排骨酥、姜片一起放入汤锅中，倒入水、米酒。
2. 电锅外锅倒入1杯水，放入汤锅。
3. 按下开关，蒸至开关跳起后，加入其余调料调味即可。

美味多一点 苦瓜大概可分为白肉、绿肉与山苦瓜三类。颜色偏绿的苦味较重，汆烫后可以去除部分苦味，吃起来更顺口。

菱角红枣排骨汤

材料
菱角300克，排骨300克，红枣8颗，姜片10克，水900毫升

调料
香菜少许，米酒1大匙，盐1/2小匙

做法
1. 将排骨斩块，将排骨、菱角分别洗净汆烫沥干。
2. 将菱角、排骨、红枣、姜片、米酒和水放入电锅内锅，外锅放2杯水，按下开关。
3. 开关跳起后放入盐拌匀，再焖5分钟，最后撒上香菜即可。

美味多一点 菱角温和滋养，营养价值高，可以替代谷类食物，而且有益肠胃，非常适合体质虚弱者、老人与成长发育中的孩子食用。

143

苦瓜蚵干排骨汤

材料
梅花排200克，青苦瓜100克，蚵干50克，老姜片15克，葱白2根，水800毫升

调料
盐1/2茶匙，鸡精1/2茶匙，绍兴酒1茶匙

做法
1. 梅花排剁小块、汆烫洗净；姜片、葱白用牙签串起，备用。
2. 青苦瓜洗净直剖去籽，削去白膜后切块，汆烫后沥干，备用。
3. 蚵干洗净，备用。
4. 取一内锅，放入梅花排、苦瓜、蚵干及姜片、葱白，再加入800毫升水及所有调料。
5. 将内锅放入电锅里，外锅加入1杯水，盖上锅盖、按下开关，煮至开关跳起后，捞除姜片、葱白即可。

糙米黑豆排骨汤

材料
糙米600克，黑豆200克，排骨600克

调料
盐2小匙，鸡精1小匙，米酒1小匙

做法
1. 将糙米与黑豆洗净后泡水，糙米要浸泡30分钟，黑豆要浸泡2小时。
2. 排骨剁成约4厘米长段，汆烫2分钟后捞起，用冷水冲洗去除肉上杂质血污。
3. 取内锅加入13杯水、糙米、黑豆及排骨，放入电锅中，外锅加2杯水，按下开关，待开关跳起。
4. 再将所有调料放入内锅中，外锅再加1/2杯水续煮一次即可。

玫瑰卤子排

🍲 材料
排骨	700克
小油菜	1棵
辣椒	2个
姜	20克
葱	30克
卤包	1包
水	500毫升

🍶 调料
酱油	100毫升
白糖	2大匙
玫瑰露酒	100毫升

📋 做法
1. 排骨剁小块后，入沸水锅中氽烫约3分钟，取出洗净备用。
2. 姜洗净切片；葱洗净切段；辣椒洗净对切；小油菜掰开、洗净，入开水氽烫约30秒捞出，备用。
3. 热锅，倒入少许色拉油，以小火爆香葱段、姜片及辣椒，炒香后放入汤锅中。
4. 将排骨、卤包、水及所有调料加入汤锅中，煮沸后转小火，盖上锅盖持续小火煮滚，煮约40分钟至排骨熟软，最后放入小油菜即可。

麻辣卤猪排

🍖 材料

肋排	600克
蒜	60克
姜	40克
葱	80克
干辣椒	8克
花椒	1大匙
水	700毫升

🧂 调料

辣豆瓣酱	3大匙
酱油	80毫升
白糖	3大匙
米酒	50毫升

📖 做法

❶ 排骨剁成长约6厘米段后，入沸水锅中氽烫约3分钟，取出洗净备用；蒜拍松；姜洗净切片；葱洗净切段，备用。

❷ 热锅，倒入4大匙色拉油，以小火爆香葱段、姜片及蒜，再加入辣豆瓣酱炒香。

❸ 加入干辣椒及花椒略炒过后，加入水煮沸，再放入排骨及其余调料。待再度煮沸后转小火，盖上锅盖持续以小火煮滚，煮约40分钟至排骨熟软即可。

美味多一点　调味料玫瑰露酒是一种加了玫瑰香味的高粱酒，通常用来做菜使用，像是玫瑰油鸡、腊肠，如果取得不易也可使用一般高粱酒代替。

梅香排骨

🍖 材料
排骨	700克
辣椒	2个
姜片	50克
紫苏梅	10颗
（含汤汁）	

🧂 调料
酱油	100毫升
水	700毫升
白糖	3大匙
绍兴酒	50毫升

📋 做法
1. 排骨剁成长约6厘米的段后，入沸水锅中汆烫约3分钟，取出洗净备用。
2. 辣椒洗净对切；姜洗净切片，备用。
3. 将排骨、辣椒及姜片放入汤锅中，加入所有调料及紫苏梅煮沸。
4. 转小火，盖上锅盖持续以小火煮滚。
5. 煮约40分钟至排骨熟软即可。

美味多一点　　紫苏梅风味清香，与排骨一起炖煮风味绝佳，但汤汁千万别浪费，在取用紫苏梅时，使用汤匙捞出，连带将汤匙中的汤汁一起入锅，炖卤好之后的排骨梅香更浓郁。

可乐卤排骨

材料

排骨	700克
辣椒	2个
姜片	20克
葱段	30克

调料

盐	2茶匙
水	200毫升
可乐	350毫升

做法

❶ 排骨剁小块后，入沸水锅中氽烫约3分钟，取出洗净备用。

❷ 辣椒洗净对切；姜洗净切片，备用。

❸ 热锅，倒入少许色拉油，以小火爆香葱段、姜片及辣椒，炒香后放入汤锅中。

❹ 将排骨及所有调料放入汤锅中，煮沸后转小火，盖上锅盖持续以小火煮滚。

❺ 卤约40分钟至排骨熟软即可取出。

菠萝苦瓜排骨汤

材料
排骨　　　　200克
（猪龙骨）
苦瓜　　　　200克
豆酱菠萝　　150克
姜片　　　　10克
水　　　　　800毫升

调料
盐　　　　　1茶匙
米酒　　　　1茶匙

做法
1. 将苦瓜洗净去籽后，排骨剁小块，分别放入滚水中汆烫约1分钟，取出洗净后一起放入汤锅中。
2. 豆酱菠萝及姜片、水加入汤锅中。
3. 开火煮沸后，转小火使汤保持在微滚的状态下，煮约30分钟，放入所有调料调味即可。

美味多一点　要使苦瓜不苦涩，可以将苦瓜内部的籽与白膜清除干净，并且在烹调前汆烫过，这样就能去除大部分的苦味了。

青木瓜炖排骨

材料

排骨	200克
（猪龙骨）	
青木瓜	200克
薏米	50克
姜片	10克
水	800毫升

调料

盐	1茶匙
米酒	1茶匙

做法

1. 薏米洗净，泡水1小时后沥干备用。

2. 青木瓜洗净去皮切块、排骨斩小块；将排骨放入滚水中汆烫约1分钟，取出洗净后，与青木瓜块一起放入汤锅中。

3. 续于汤锅加入薏米及姜片、水。

4. 开火煮沸后，转小火使汤保持在微滚的状态下，煮约50分钟后，放入所有调料调味即可。

美味多一点

使用大骨来熬汤，时间越久汤头越鲜甜，不过千万不能全程使用大火熬煮，否则汤头会混浊，食材也会变得干涩，且水分蒸发过快，易糊锅。

酸辣排骨汤

材料
排骨（猪龙骨）300克，水800毫升，西红柿80克，青椒40克，洋葱60克，西芹40克，蒜片20克，柠檬汁2大匙

调料
泰式酸辣酱4大匙，盐1/4茶匙

做法
1. 西红柿、青椒、洋葱、西芹分别洗净后，均切小块备用。
2. 排骨斩小块，放入滚水中汆烫约1分钟，取出洗净后与做法1中的蔬菜一起放入汤锅中。
3. 于汤锅中继续加入蒜片、水及泰式酸辣酱。
4. 开火煮沸后，转小火使汤保持在微滚的状态下，煮约50分钟后熄火，再放入盐及柠檬汁调味即可。

泡菜粉丝排骨锅

材料
大排600克，姜末20克，韩式泡菜300克，蒜苗30克，粉丝2小捆，水1000毫升

调料
酱油3大匙，白糖1茶匙，米酒1大匙

做法
1. 大排剁小块；蒜苗洗净切段；粉丝用水泡约20分钟后沥干，备用。
2. 烧一锅水，放入大排汆烫约1分钟后，取出洗净，放入汤锅中。
3. 加入韩式泡菜、姜末、米酒、水，煮至沸腾后转小火，盖上锅盖，煮约半小时。
4. 将酱油及白糖一起入锅中调味，再加入粉丝煮约1分钟即可起锅。

金针炖排骨

📖 材料

排骨	200克
黄花菜	50克
姜末	30克
水	250毫升

🍶 调料

盐	1/2茶匙
鸡精	1茶匙
白糖	1大匙
米酒	2大匙

📋 做法

❶ 排骨斩块，放入滚沸的水中汆烫约1分钟后捞起，以冷水洗净备用。

❷ 黄花菜洗净，泡冷水约10分钟后沥干备用。

❸ 热锅，加入少许色拉油烧热，以小火爆香姜末，加入排骨及米酒，转至中火拌炒约1分钟。

❹ 续加入水、泡好的黄花菜及其余调料拌炒均匀，盖上锅盖，以小火焖煮约20分钟后起锅即可。

啤酒排骨

🍖 材料

排骨	200克
蒜末	20克
姜末	20克
水	1000毫升

🧂 调料

啤酒	1罐
盐	1/2茶匙
白糖	1茶匙
花椒	1/2茶匙
八角	2粒
桂皮	1小片
（约5克）	
干辣椒	4个

📋 做法

❶ 排骨剁块，放入滚沸的水中稍余烫后捞起，以冷水洗净备用。

❷ 热锅，加入少许色拉油烧热，以小火爆香蒜末及姜末，加入排骨块、花椒、八角、桂皮、干辣椒、啤酒及水，改转中火煮至汤汁滚沸，盖上锅盖转至小火，焖煮约20分钟。

❸ 续于锅中加入其余调料调味即可。

黑胡椒卤猪排

材料

里脊肉排	2片
洋葱	适量
青椒	适量
黄椒	适量
胡萝卜	2片
西蓝花	2朵

调料

黑胡椒酱	适量
奶油	50克

腌料

盐	少许
白糖	少许
米酒	1大匙
A1牛排酱	1/2大匙
酱油	1/2大匙

做法

1. 里脊排洗净擦干，以肉槌拍打数下后取出，备用。
2. 洋葱、青椒、黄椒洗净切条；胡萝卜、西蓝花放入开水中汆烫1分钟捞出，备用。
3. 取一容器，放入处理好的排骨，加入腌料搅拌均匀，腌制10分钟。
4. 取一平底锅烧热后，加入奶油均匀地抹在平底锅内。
5. 将腌制后的排骨放入平底锅煎约3分钟至上色。
6. 加入洋葱条、青椒条、黄椒条及黑胡椒酱一起搅拌均匀，煮入味放入胡萝卜、西蓝花装饰即可。

黑胡椒酱

材料

黑胡椒粒1/2大匙、A1牛排酱2大匙、辣酱油1大匙、酱油1大匙、白糖1大匙、盐1小匙、米酒1大匙、蒜末10克、洋葱末10克、水60毫升、水淀粉1大匙

做法

热锅放入2大匙油烧热，放入蒜末、洋葱末一起炒香，放入其余全部材料（水淀粉除外）拌匀煮至入味，淋少许水淀粉勾芡，煮至汤汁黏稠即可。

经典卤排骨

材料

猪肉排	2片
（约240克）	
蒜泥	15克
地瓜粉	40克
红葱	40克
姜	30克
蒜泥	40克
水	800毫升

调料

A

盐	1/2茶匙
五香粉	1/4茶匙
米酒	1茶匙
水	1大匙
蛋清	20克

B

酱油	300毫升
白糖	4大匙
八角	10克
花椒	5克

做法

1. 猪肉排用肉槌拍松后，用刀切断筋膜。
2. 将猪肉排放入碗中，加入所有调料A和蒜泥拌匀腌制30分钟。
3. 将腌好的猪肉排加入地瓜粉，使肉排表面均匀裹成稠状面糊备用。
4. 热一油锅，待油温烧热至约180℃，放入猪肉排，以中火炸约5分钟至表皮金黄酥脆，捞出沥干油。
5. 另热一锅下少许色拉油，将红葱、姜及蒜拍破后下锅小火爆香，加入所有调料B及水，煮开后关小火煮约10分钟成卤汁。
6. 将炸好的猪肉排放入卤汁锅中，以小火煮约3分钟后关火浸泡5分钟，将排骨捞出沥干卤汁，放上葱丝和辣椒丝（材料外）即可。

美味多一点

排骨在焖卤的过程中，记得盖紧锅盖并以小火焖卤。盖紧锅盖的用意是防止水分的散失；转小火则可避免汤汁过度浓缩，而让排骨变得干焦。

怀旧卤排骨

🍖 材料

里脊肉大排骨	5片
葱	1根
蒜	3瓣
姜片	1块
水	1200毫升
卤包	1包

🧂 腌料

酱油	2大匙
米酒	3大匙
地瓜粉	2大匙

🧂 调料

酱油	1杯
冰糖	1大匙
米酒	1/2杯

📋 做法

❶ 排骨洗净并沥干,放入容器中,再加入所有腌料搅拌均匀,腌制10分钟。

❷ 起锅倒入色拉油,烧热至160℃,再放入腌好的排骨,让排骨炸上色后捞起,备用。

❸ 另起锅,放入3大匙油烧热,将蒜、葱段、姜片爆香。

❹ 将调料倒入锅中搅匀拌煮一下,再加入卤包及水拌均匀煮至滚沸。

❺ 待煮滚后,放入炸好的排骨,以小火卤约20分钟,捞出装盘即可。

注:图片饭盒中的配菜可随意选择搭配。

莲藕排骨汤

材料

腩排	200克
莲藕	100克
陈皮	1片
姜片	10克
葱白	2根

调料

水	800毫升
盐	1/2茶匙
鸡精	1/2茶匙
绍兴酒	1茶匙

做法

1. 腩排剁小块、汆烫洗净，备用。
2. 莲藕去皮切块、汆烫后沥干；陈皮泡软、削去内部白膜，备用。
3. 姜片、葱白用牙签串起，备用。
4. 取一内锅，放入腩排、莲藕、陈皮、姜片、葱白，再加入800毫升水及所有调料。
5. 将内锅放入电锅里，外锅加入1杯水，盖上锅盖、按下开关，煮至开关跳起后，捞除姜片、葱白即可。